陀螺起舞

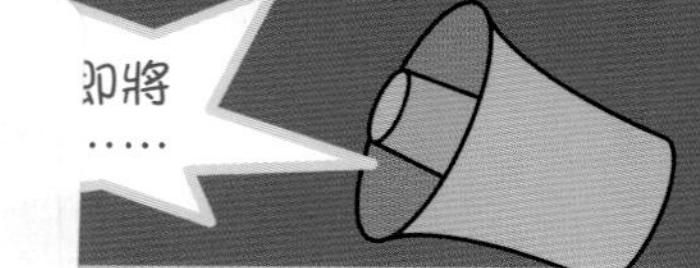

1 把陀螺放在軌道上方稍下的位置。

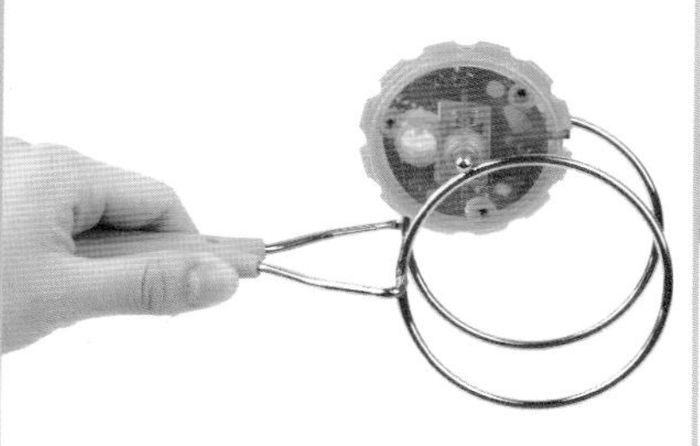

2 當陀螺……向上甩動手臂，使陀螺滑動到軌道上方。

重複第2步，令陀螺不斷轉動！

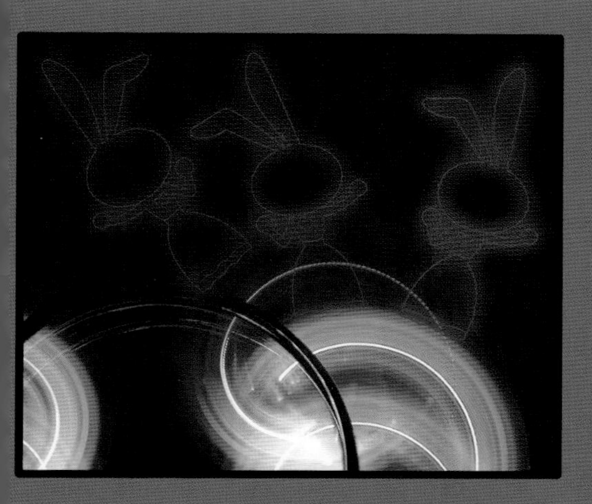

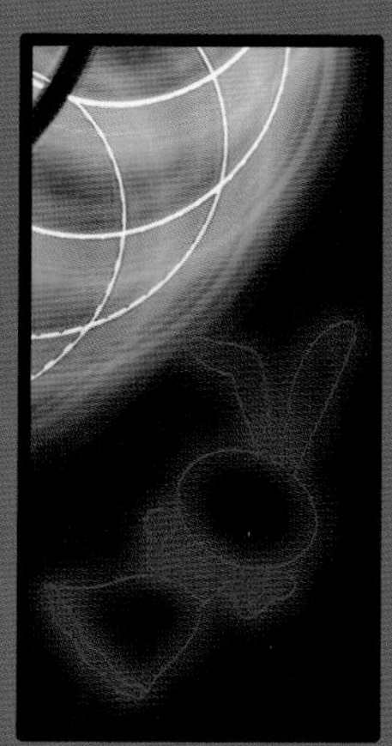

落地飛舞

熟習上述玩法後，可試試轉動時平放軌道，令陀螺由上下變為左右轉動。

然後慢慢加速……

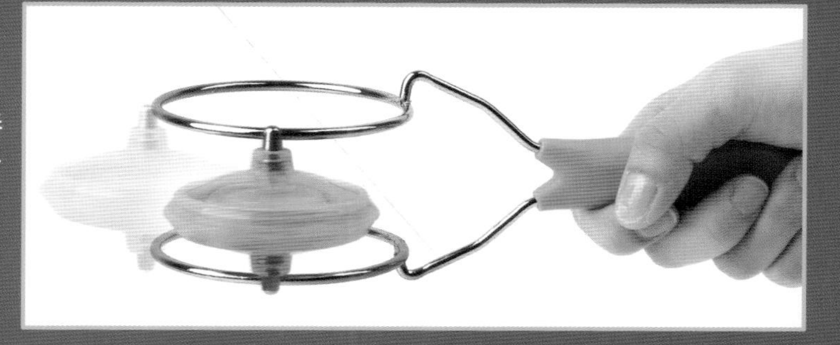

陀螺從軌道飛出，在地上繼續旋轉！

把軌道放近陀螺，陀螺就會回到軌道並繼續轉動！

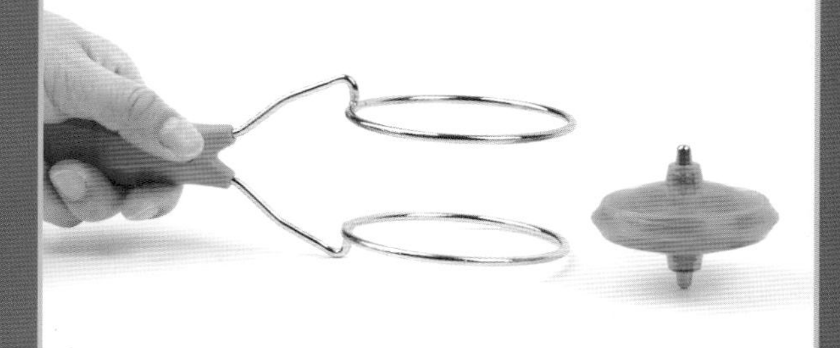

* 請在空曠及無人的地方使用教材，以免陀螺飛出時撞上雜物停止轉動或擊傷他人。

瘋狂亂舞

把其中一條軌道放近在地上旋轉的陀螺。

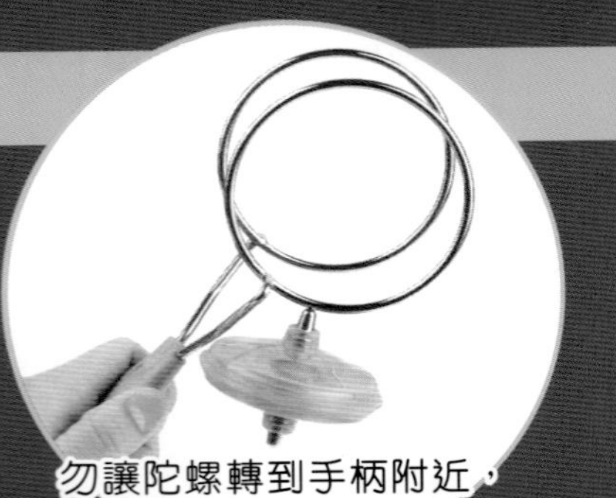

勿讓陀螺轉到手柄附近，否則會馬上停止轉動。

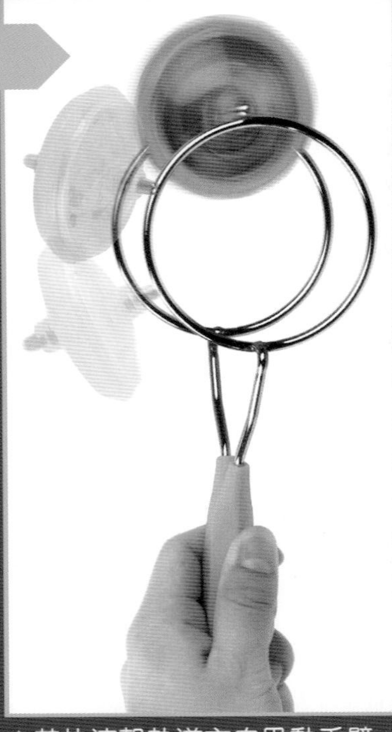

▲若快速朝軌道方向甩動手臂，陀螺便重新回到軌道繼續轉動！

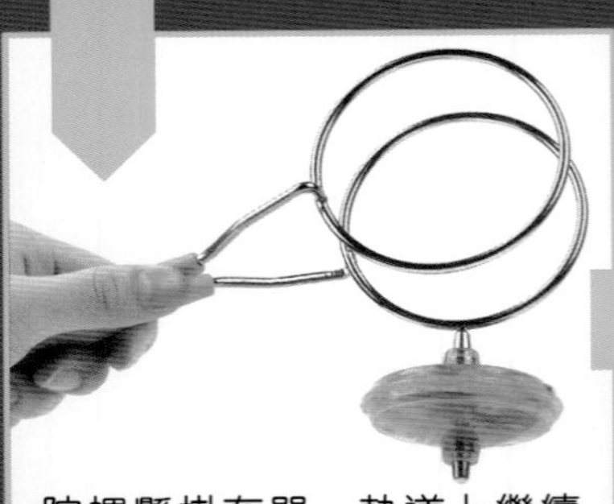

陀螺懸掛在單一軌道上繼續轉動。

稍為傾側軌道，陀螺更會邊旋轉邊沿着軌道走！

目炫神秘的燈光效果

教材內置一枚 LED 燈泡，能發出不同顏色的燈光。當我們快速轉動陀螺時，燈光會由一點變成無數個圓形！（請在有燈泡的一面觀看。）

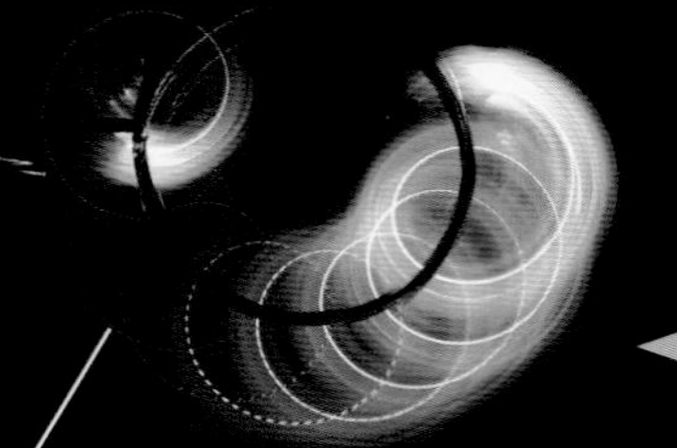

當燈泡以慢速閃動，光線不夠快以連成圓形時，就會出現虛線圖案。

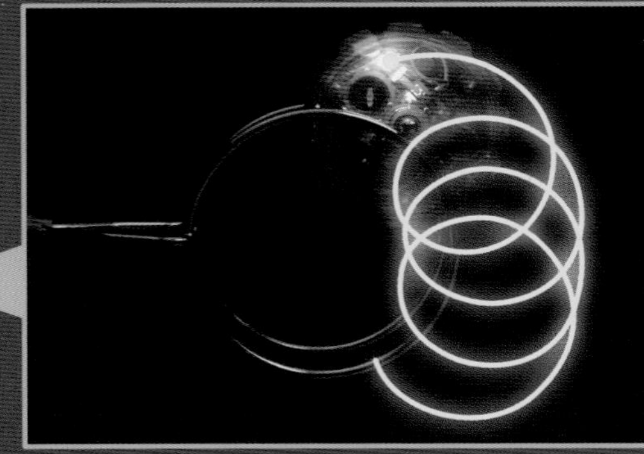

▶用相機拍下照片，就會發現這些圓形是光的移動軌跡。

此現象名為視覺暫留，電影和舊動畫亦運用了這原理。當電影每秒播放至少 24 張相片或圖畫時，大腦會把快速移動的影像錯誤理解成連續的畫面。

經典重溫 ──「Whee-Lo」

▶教材跟一款名為「Whee-Lo」的玩具很相似，它在 1953 年發售，玩家只要上下傾斜軌道，陀螺就會不斷轉動。玩法簡易有趣，因而風行全球。

表演結束了！有興趣的朋友可到後台參觀……

你們想知道它是如何運作的嗎？
想啊！

令陀螺不脫軌的磁力

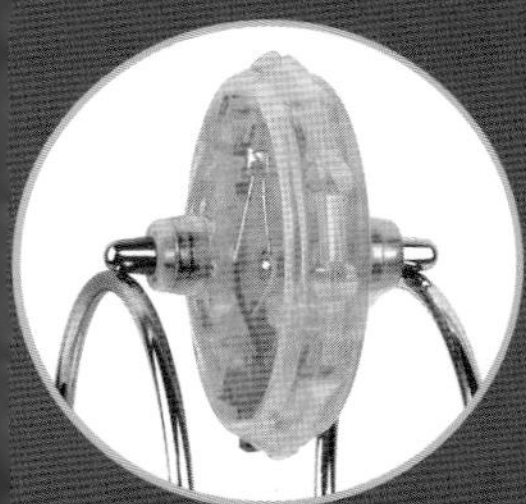

◀陀螺兩側的磁石和軌道的「鐵磁性」物質相吸，使陀螺旋轉時不會脫離軌道。

磁石與鐵磁性物質

磁石是擁有磁力的天然礦物，磁性最強的地方名為南極和北極。

有同極相抗，異極相吸的特性。

鐵磁性物質（如鐵）不是磁石，卻可被其吸引，此現象名為磁化。

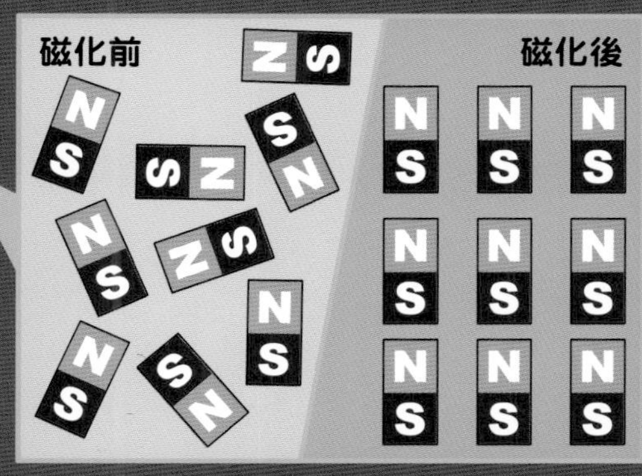

磁石內移動的電子產生磁場，相近的電子則會聚集並整齊排列，就像一塊小磁石。小磁石愈多，磁力就愈強。

每塊小磁石也有南北極。

鐵磁性物質的電子排列不規則，令磁場互相抵消，但當磁石靠近時，其排列就會受磁力影響而變得有規律，可暫時產生磁力。

▶磁石也能以合成和加工各種金屬的方法製成。

▶磁石的南北兩極不能被分開，即使將其切開，也只會變成兩塊各自擁有南北兩極的磁石。

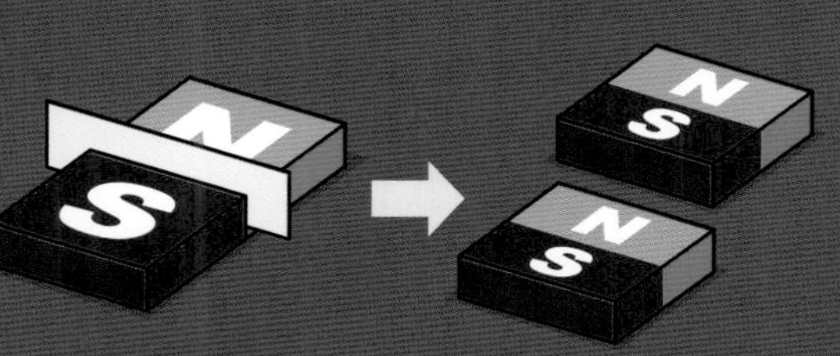

旋轉的陀螺

除了磁力，還有更多其他原理。

1 陀螺在軌道正上方時儲存了最大位能。

位能

物體在高處時所擁有的能量。

2 用手推動陀螺或稍微傾側軌道，使陀螺因地心吸力而下滑，這時位能就轉換成動能。

動能

物體移動時所擁有的能量。

位能 > 動能（加速）

動能 > 位能（減速）

能量守恆定律

能量只能轉換而不會流失。

3 理論上陀螺能永遠轉動，但能量會受摩擦力、空氣阻力等影響而散失，令陀螺在軌道中下方來回滑動數次便停下來。

我們須持續為陀螺提供動能，才可令其不斷轉動。

加速的陀螺

牛頓第一定律

若沒外界干擾，移動的物體會以直線移動，靜止物體則繼續靜止，這稱為慣性。

陀螺加速能增加角動量，令其旋轉更久！

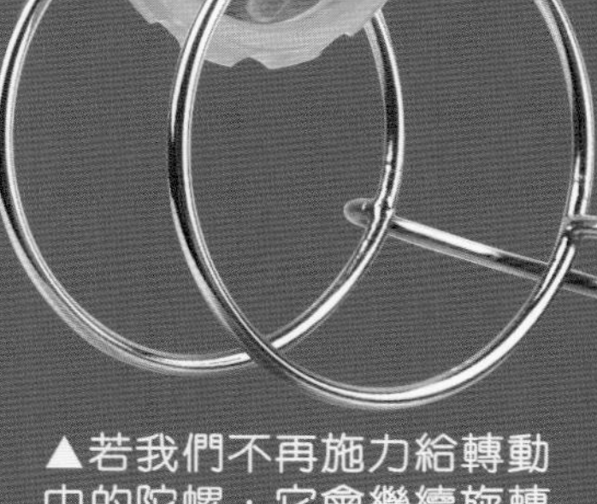

▲若我們不再施力給轉動中的陀螺，它會繼續旋轉一會後才慢慢停下。

角動量

旋轉中物體的慣性大小。物體距離轉軸愈遠、愈重和轉得愈快，角動量就愈大。

飛舞的陀螺

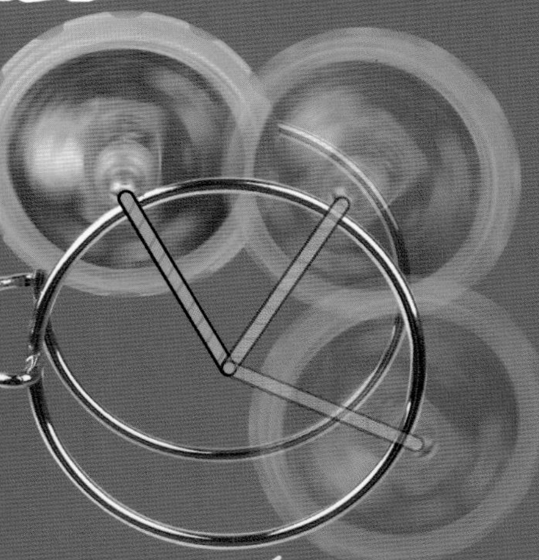

陀螺兩側的磁石緊貼軌道，施加向心力，令陀螺繞圈旋轉。
向心力像繩子般將陀螺拉向軌道圓心。

向心力

物體移動時，把物體拉向圓心的力量。沒有了向心力，物體就不會向圓心繞圈，而是按慣性向前移動。

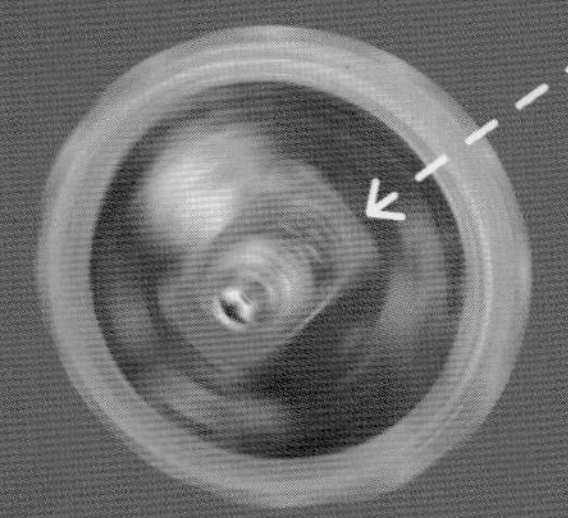

若陀螺不斷加速，產生比向心力更大的力，就會不受束縛直飛出去。

這邊還有其他表演道具！
咦？陀螺浮了起來，而且還在轉動！
這是各種力量互相平衡的結果！

懸浮陀螺

其實舞台下和陀螺中都各藏有一塊磁石。
適當的距離令陀螺不會反轉並與下方磁石相吸，又能穩定地在空中旋轉。
然而，跟一般陀螺一樣，它旋轉時亦會受空氣阻力影響，令角動量減少，繼而產生進動。

首先在舞台上放一塊小膠板，讓陀螺先在膠板上穩定地旋轉，再慢慢升起並移走膠板，陀螺就能浮起來了。

磁石同極相拒，把陀螺推向上。
陀螺與下方磁石保持一定距離，令這2種力量相等並互相抵消。
S
N
地心吸力將陀螺向下拉。
N
S
磁力線由北極繞到南極，這是磁力的方向。
舞台的磁石較大，磁力較強，故磁場的範圍也較大。

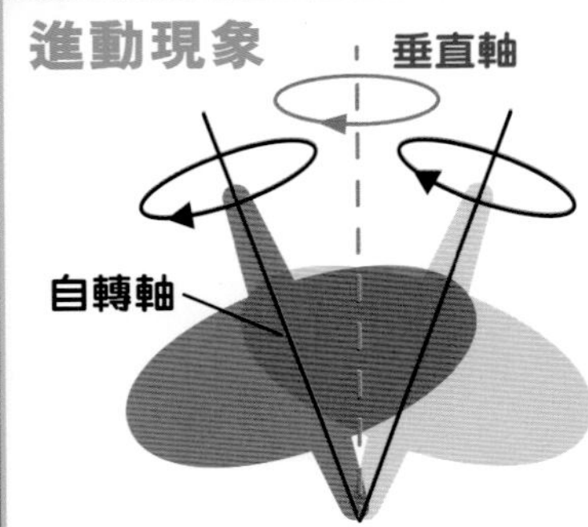
進動現象
垂直軸
自轉軸

陀螺於倒下前開始傾斜，令它在自轉的同時，又會繞着垂直軸公轉一會，直至角動量消失後才倒下。

同極相斥的應用

磁浮列車與軌道內都裝有電磁鐵，兩者同極相斥，使車身懸浮及起動。

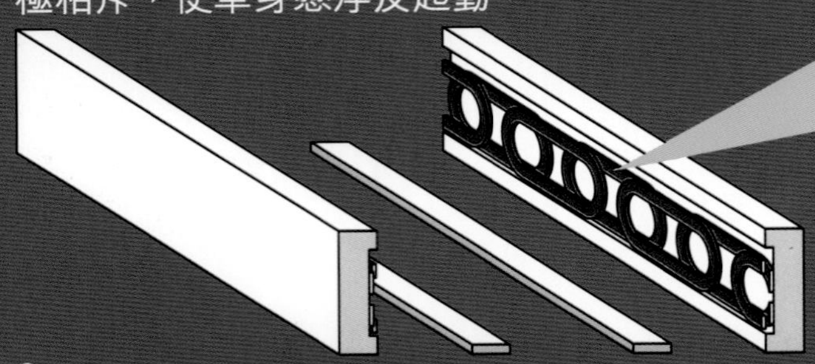
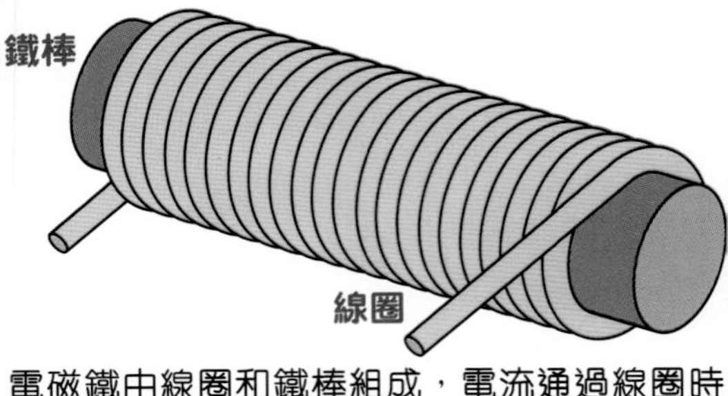
鐵棒
線圈

電磁鐵由線圈和鐵棒組成，電流通過線圈時產生磁力，使鐵棒變成磁鐵。

可以令陀螺轉更久嗎？
利用電磁鐵和磁簧開關就能做到了，看！

不會停下來的陀螺

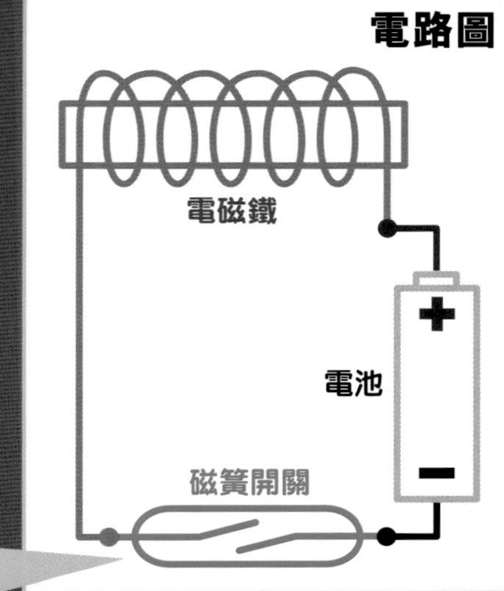

2 塊鐵片密封在玻璃管，隨磁場改變而開合。

▲沒有磁鐵接近時，鐵片之間留有空隙。

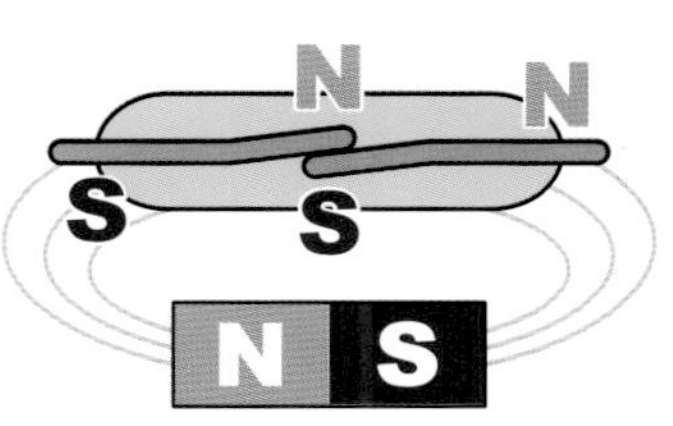

▲有磁鐵接近時，鐵片被磁化並產生方向相反的極，令中間兩端相吸。

過程中，陀螺反復被電磁鐵推向高處，得以儲存位能，就能旋轉更久了！

陀螺中的磁石有別於懸浮陀螺，其南北極在兩邊。

舞台呈弧形，中間往下凹陷。

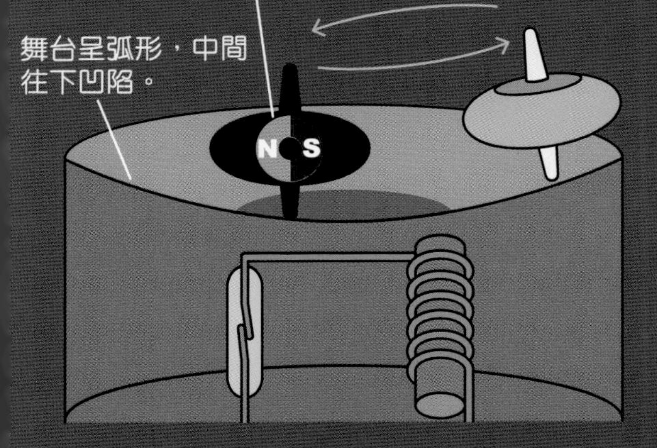

1 陀螺接近磁簧開關時，其中的鐵片被磁化而相吸，形成閉合電路。

2 電流通過線圈，使鐵棒變成電磁鐵，並與陀螺的其中一面同極相拒，把陀螺推到外圍。

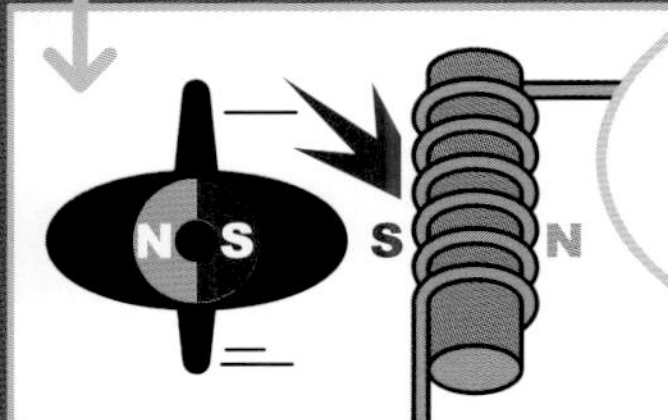

3 當陀螺遠離磁簧開關，鐵片就不再相吸，形成開合電路。

4 陀螺因重力而旋轉至內圍，再次磁化磁簧開關中的鐵片，重複整個過程。

因電磁鐵失去磁力，陀螺旋轉到另一面時，就不會與其相吸而停止轉動了！

磁簧開關的用途

多配合家居保安系統使用，如感應門窗有否開啟。

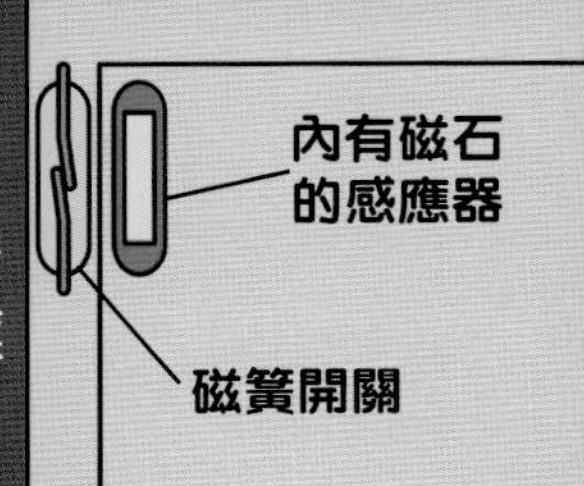

◀門關閉時，磁石令開關內的鐵片接觸。

◀當門打開，磁石遠離開關令鐵片分開，觸發警報。

最常見的 歐亞樹麻雀

早晨，小麻雀，看到你們這麼悠閒，真羨慕！
不，我正努力地尋找食物和築巢，準備迎接小生命呢！
©海豚哥哥Thomas Tue

歐亞樹麻雀（Eurasian Tree Sparrow，學名：*Passer montanus*），頭部呈棕色，面頰和頸呈灰白色，喙、喉和臉頰中央則呈黑色，身體有淺棕色和灰褐色的條紋。其體形較小，身長約14厘米，體重約24克，雙翼展開有12厘米。牠們愛吃種子和昆蟲，主要分佈在歐亞大陸和東南亞溫帶地區，大多數都不會因季節改變而遷徙。牠們喜歡在有樹木和草原的地方棲息，數量眾多，壽命約有3歲。

◀麻雀較親近人類，常在城市中見其身影。

▲麻雀喜歡在樹上或洞裏築巢，其成熟期約為1歲，每次平均生5隻蛋。

▶麻雀天性愛自由，不能作為寵物飼養。若被困在籠內會變得焦躁憂慮，甚至不吃不喝，還會頻頻磨擦喙部或撞擊籠子導致受傷或死亡。

收看精彩片段，
請訂閱Youtube頻道：
「海豚哥哥」
https://bit.ly/3eOOGlb

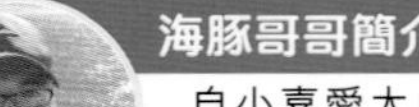

海豚哥哥簡介

海豚哥哥 Thomas Tue

自小喜愛大自然，於加拿大成長，曾穿越洛磯山脈深入岩洞和北極探險。從事環保教育超過19年，現任環保生態協會總幹事，致力保護中華白海豚，以提高自然保育意識為己任。

頓牛的牛頓擺

力學

科學DIY

頓牛準備在課堂上介紹自己最崇拜的牛頓，於是他造了一個牛頓擺來示範其力學理論。

製作時間：約 1 小時

製作難度：★★★☆☆

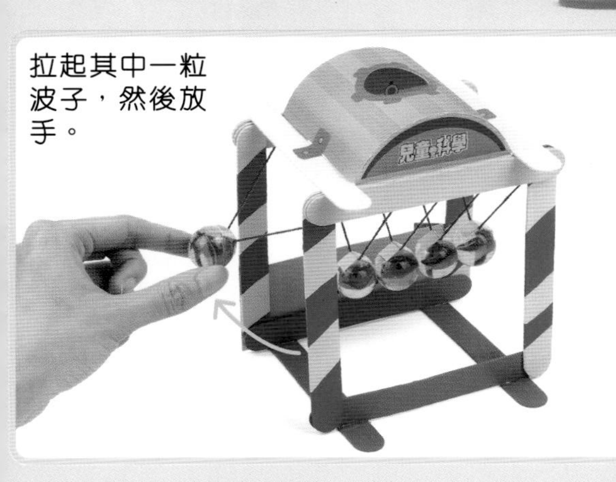

拉起其中一粒波子，然後放手。

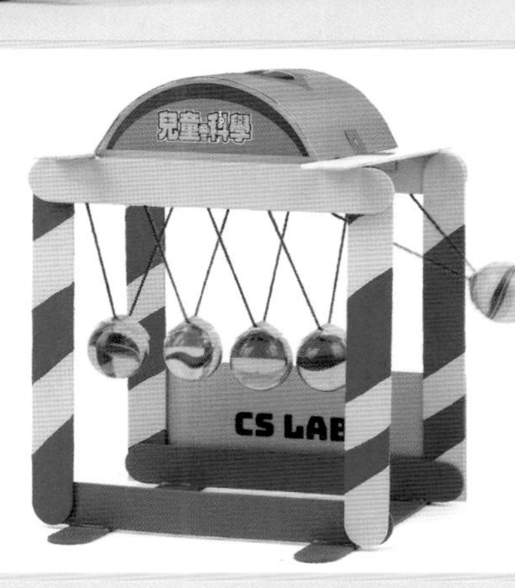

波子「隔山打牛」，竟撞起另一邊的波子！

製作方法

材料：雪條棍 ×14、波子 ×5、棉繩 ×5、硬卡紙　　工具：白膠漿、膠紙、剪刀

1 如圖在兩條雪條棍畫上標記。

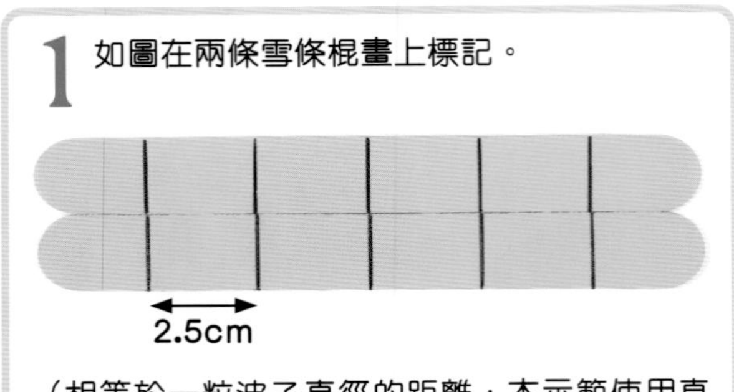

（相等於一粒波子直徑的距離，本示範使用直徑 2.5cm 的大波子）

2 剪出 5 條 18cm 長的棉繩，並如圖用膠紙接駁。

3 用白膠漿貼上雪條棍，以把繩的兩端固定。

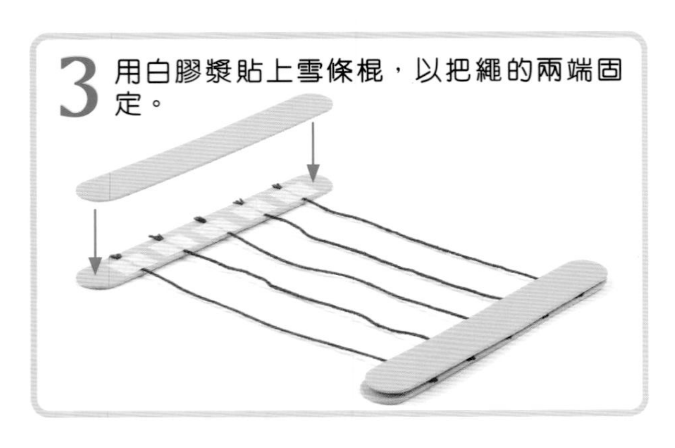

4

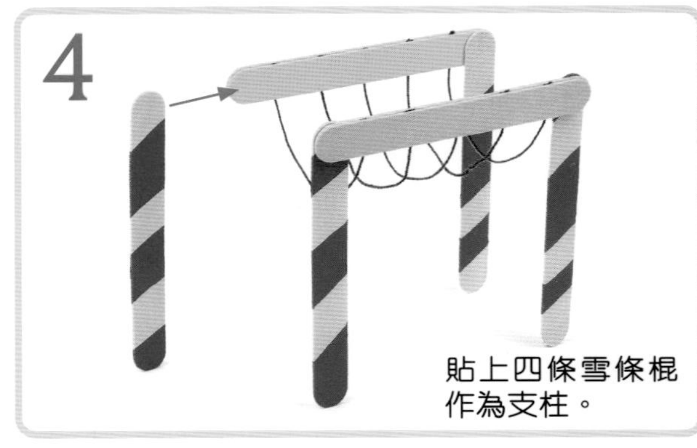

貼上四條雪條棍作為支柱。

5 底部用雪條棍連接左右各兩邊的雪條棍。

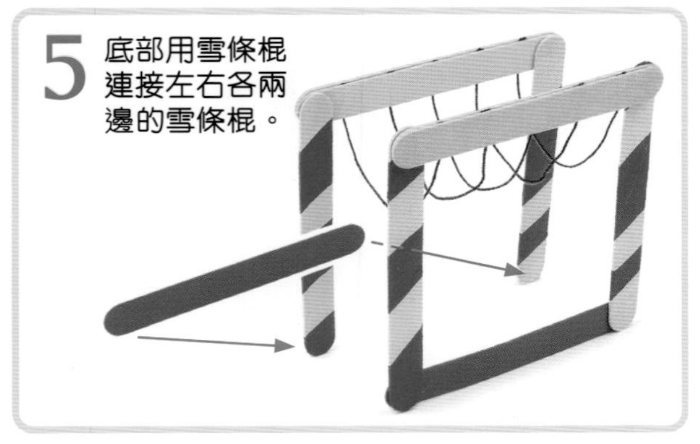

6

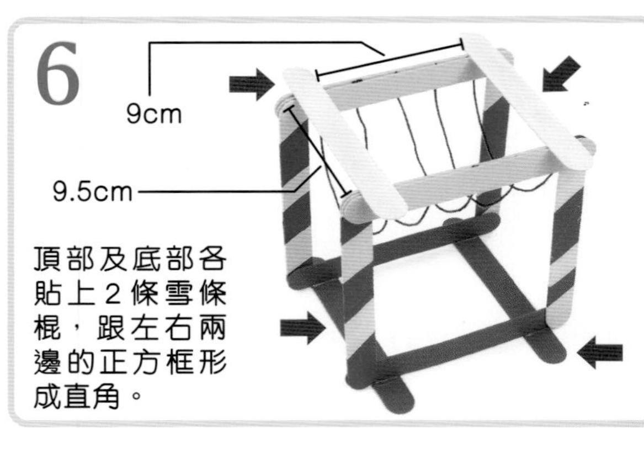

頂部及底部各貼上 2 條雪條棍，跟左右兩邊的正方框形成直角。

7 剪出 5 張 1cm×2cm 的硬卡紙，然後對摺，並將其中一邊用膠紙貼在波子上。

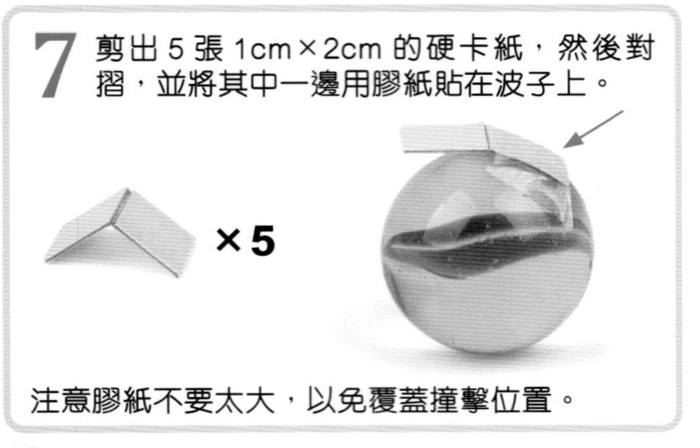

注意膠紙不要太大，以免覆蓋撞擊位置。

8 將棉繩逐一套進硬卡紙，再把硬卡紙另一邊用膠紙貼着波子，令波子掛在繩上。

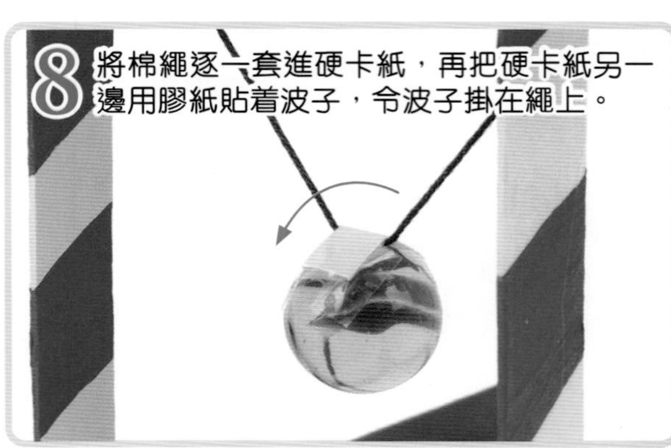

9 如圖製作屋頂紙樣。

10

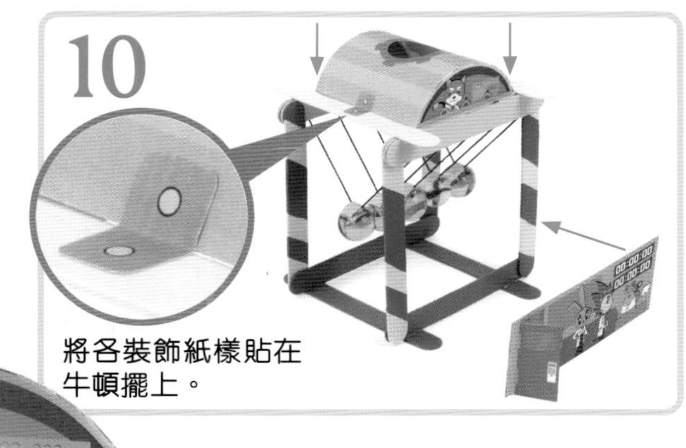

將各裝飾紙樣貼在牛頓擺上。

完成！

玩法

將其中一粒波子拉起，然後放手讓它向下盪。

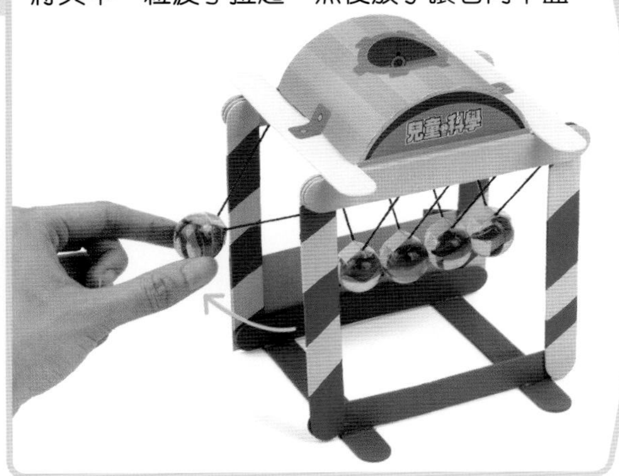

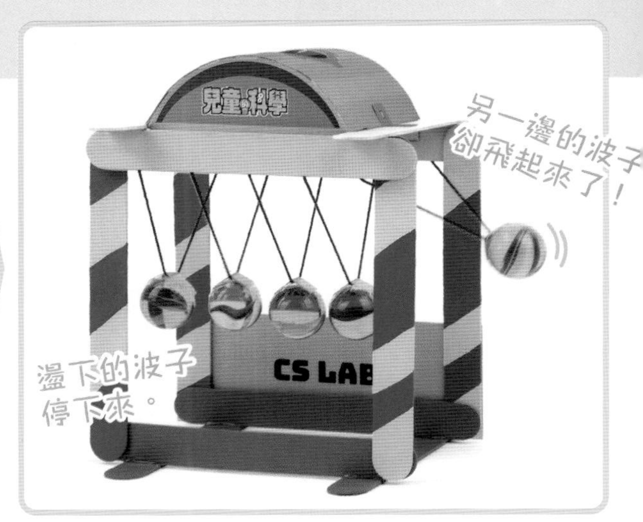

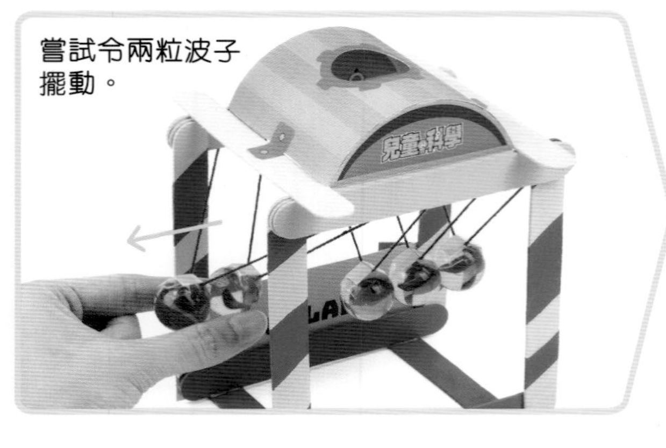

嘗試令兩粒波子擺動。

另外一邊的兩粒波子則飛起來！
兩粒波子同時停下。

▼也可嘗試左右兩邊各拉起一些波子，看看放手後有何效果！

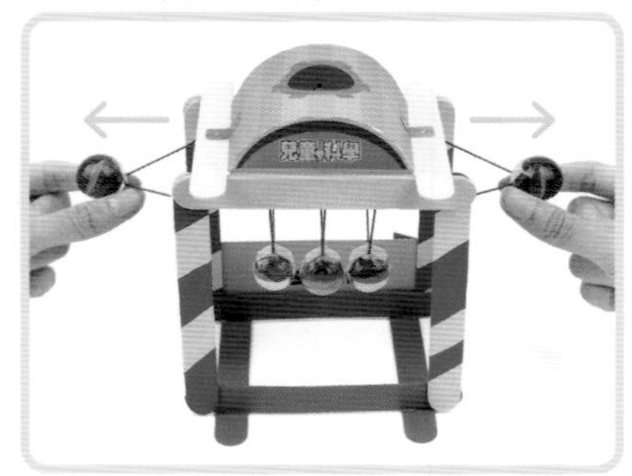

動量守恆

錯誤

牛頓＊發明這個牛頓擺，目的是為了示範動量守恆定律。

當其中一邊的波子向下擺動，並撞上其他波子時，其動量也傳到其他波子上，因而使另一邊的波子飛起來。

顧名思義，動量可理解成物件運動的總量，物件質量愈大或移動速度愈快，其動量也愈大。

動量的計算方法：動量 = 質量 × 速度

速度慢但質量大，仍有一定的動量。

質量大、速度快的物件，其動量也會非常巨大。

同樣速度慢但質量小，其動量也會非常低。

波子 A 向下盪時，速度會愈來愈快，並以一定的動量撞擊另一粒波子。

動量不斷傳到下一粒波子。

由於撞擊前及撞擊後的動量必定相等，右邊的波子 B 接收到撞擊前的動量，便向上飛起至波子 A 的起始高度，然後盪回原本的位置，撞擊旁邊的波子。這個過程不斷重複，但波子因每次撞擊都損失一點能量，所以飛起的高度會愈來愈低，最終靜止不動。

唔……＊但牛頓擺是由法國物理學家愛德姆．馬略特發明，而非由牛頓發明啊！

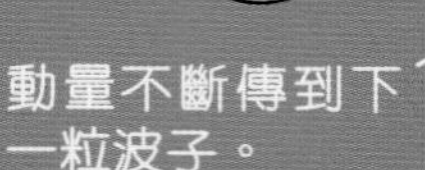

唓，是這樣嗎？

紙樣

沿實線剪下	沿虛線向內摺
黏合處	沿虛線向外摺

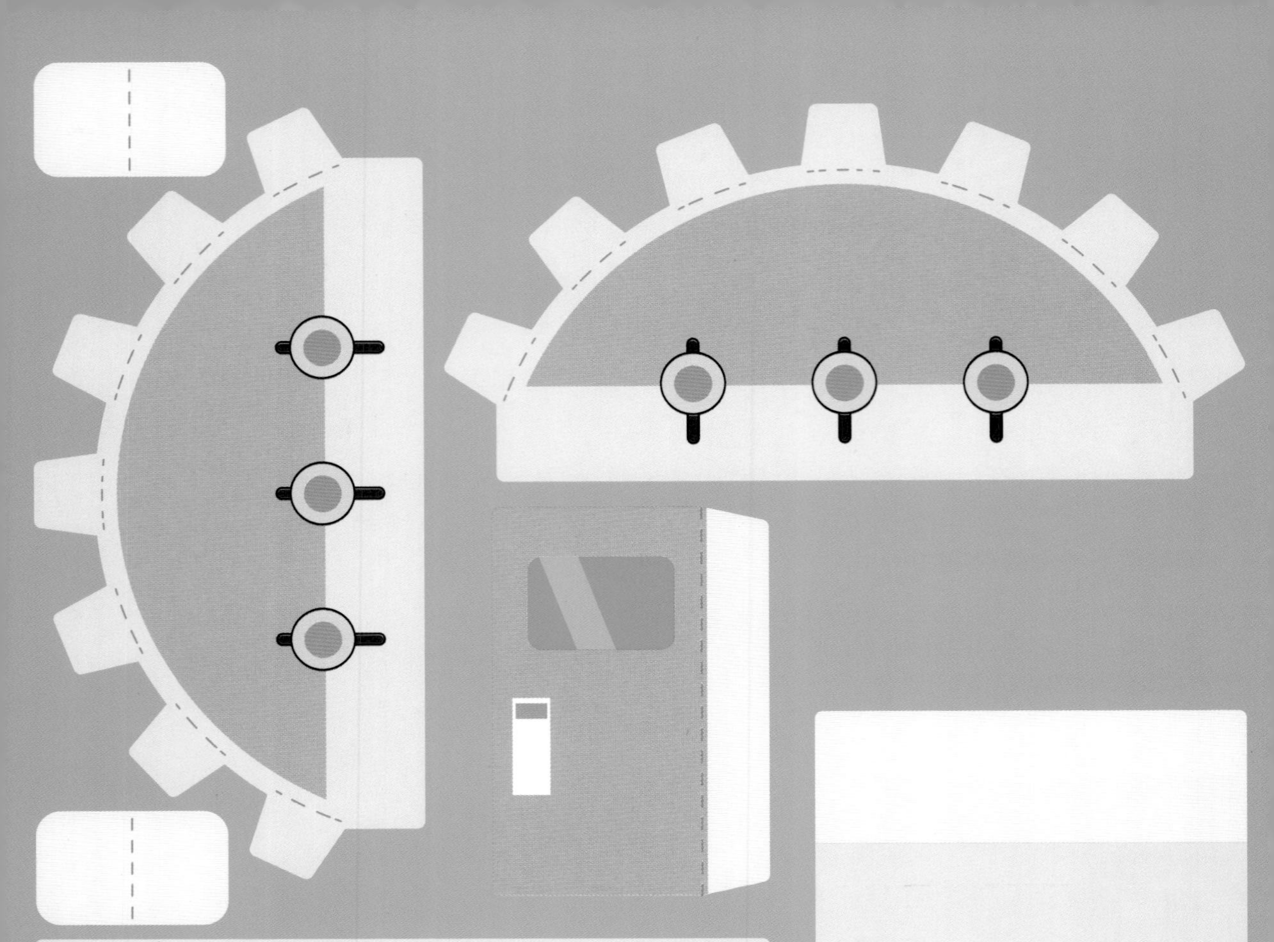

CS LAB

居兔媽媽趁着有空，決定整理一下廚房，居兔夫人也來幫忙。

科學實驗室
化學
昨天用剩的蒜頭不用丟掉吧，我先把它包起來。
古怪食物化學

保鮮紙可隔味嗎？

所需用具：蒜頭、保鮮紙、錫紙、刀

⚠ **本實驗須使用刀具，必須由大人陪同。**

1 取出 4 瓣蒜頭。

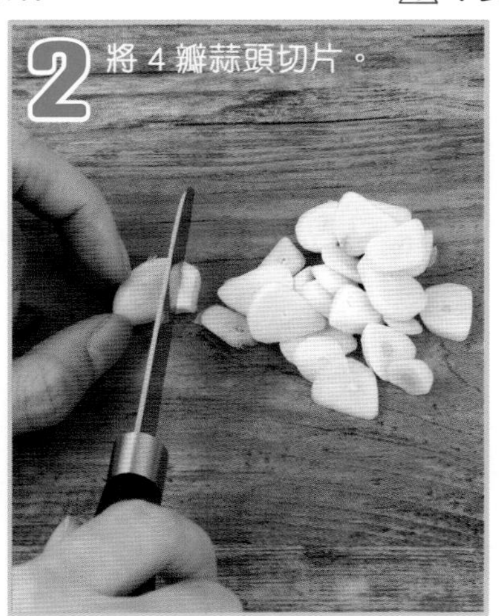
2 將 4 瓣蒜頭切片。

3 把其中一半用保鮮紙包成袋狀，以橡筋紮緊袋口。

4 另一半的蒜頭用錫紙包好。

5 洗淨雙手，並等待 1 小時讓手上可能沾到的蒜頭氣味散發，然後嗅一下錫紙包着的蒜頭。
沒有氣味……

6 再嗅一下保鮮紙包裹的蒜頭。
嗅到濃郁的蒜頭味！

咦？為甚麼包了保鮮紙還是嗅到氣味呢？

蒜頭的氣味來源

我們嗅到氣味，是由於物件散發的化學物質，經我們鼻孔內的接收器產生作用所致。蒜頭的氣味來自一種稱為蒜素的化學物質。

因為保鮮紙不能把所有物質都阻隔啊！

「算數」？

不過，在完好的蒜頭內並沒有任何蒜素，而是有另一種結構相似、但幾乎沒有氣味的化合物蒜胺酸。

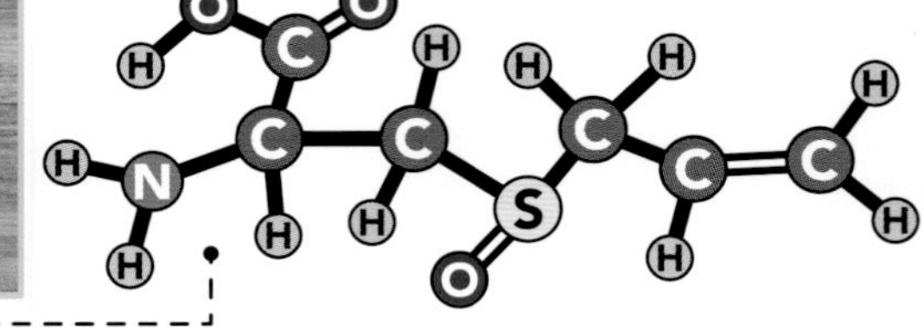

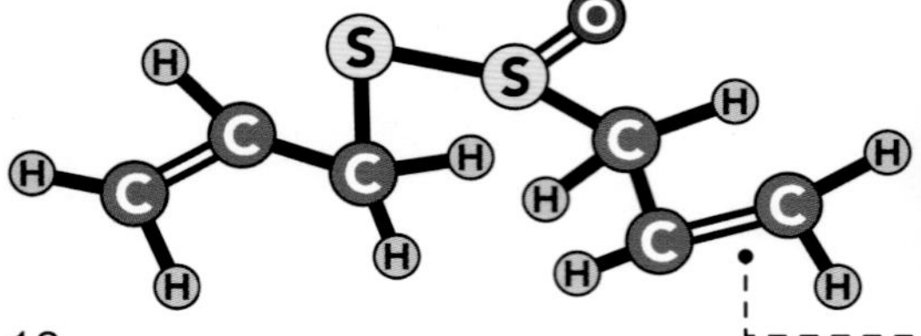

蒜頭受損後（例如被切開），蒜胺酸會轉化變成蒜素，發出濃郁氣味。

散發氣味的分子可
從物料分子間的空
隙鑽出來的。

保鮮紙一般用低密度的塑膠製成，幾乎隔絕空氣和水氣，但塑膠分子之間仍有一些空隙，可令微量的水氣及蒜素穿過。由於極少量的蒜素就可產生濃烈的氣味，於是隔着保鮮紙也能嗅到蒜片的氣味。

相反，錫紙由鋁金屬製成，鋁原子之間排列得非常緊密，錫紙上的空隙甚少，於是蒜素便難以穿透，使人幾乎嗅不到氣味。

為何含硫化合物這麼臭？

不少含硫的化合物對人類來說都十分臭，例如爛蛋散發的硫化氫、腐肉發出的硫醇等，都產生惡臭。這是因為人類的鼻腔對這類化合物極敏感，並藉此更輕易發現食物有否變壞而避免誤吃。

當有機物質在低氧或無氧的情況下，被微生物以無氧呼吸分解時，往往會產生一些千奇百怪的化合物，而當中的硫化合物就有惡臭味。

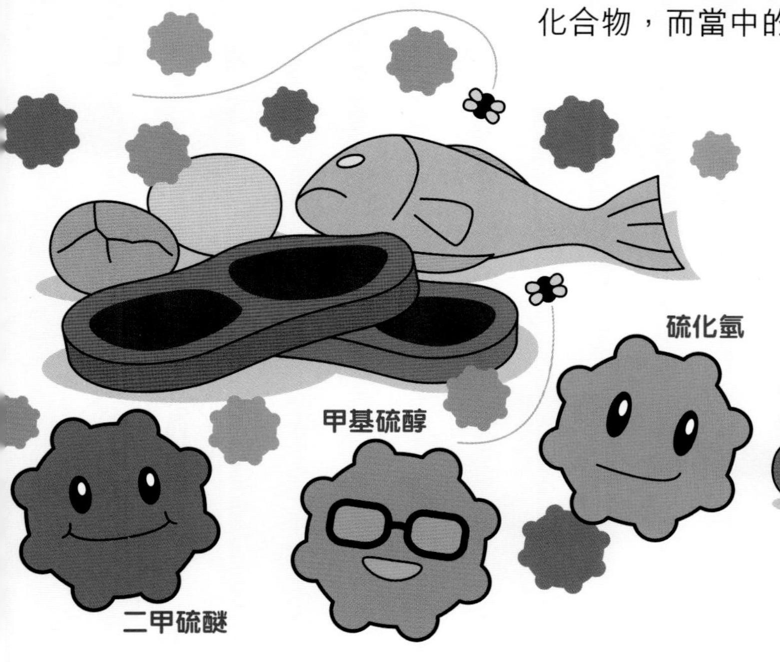

不過，臭味是主觀的感覺，其他動物也許並不覺得爛肉有臭味呢！

實驗二：朱古力VS香口膠

所需用具：朱古力 10g（一小塊）、香口膠、玻璃杯、熱水、匙羹、溫度計、濾紙（非必要）、漏斗（非必要）

咦？這樽是……
啊，這是我之前研製的朱古力香口膠……

1 倒一盆約 60℃ 的熱水，並放進一個空的玻璃杯。

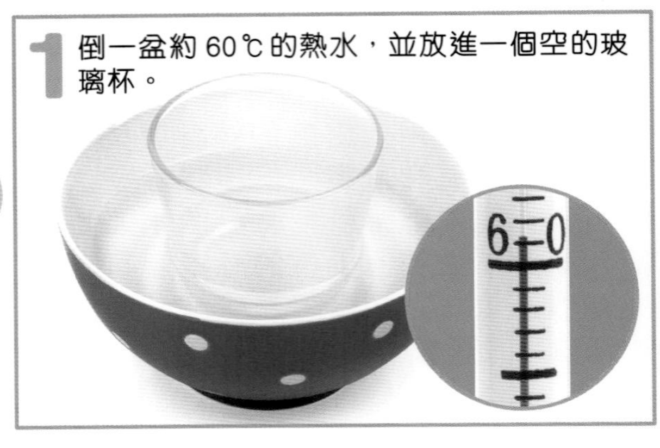

2 在杯內放入約 10g 朱古力及攪拌，使之融化。

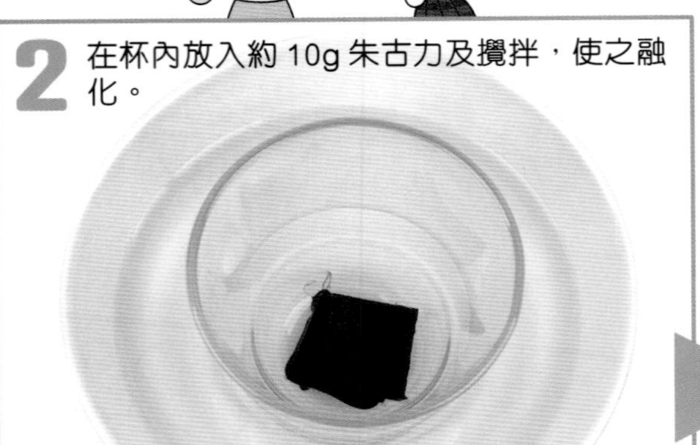

3 待水溫降至約 40℃，杯內再放入一塊香口膠。

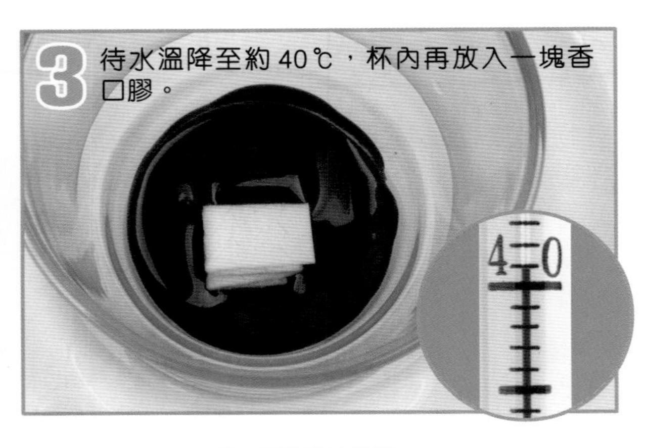

4 用手搓揉沾了朱古力的香口膠。

香口膠在朱古力漿內變得易碎。

5 可將朱古力及香口膠混合物放進水內搓揉，然後用濾紙過濾。

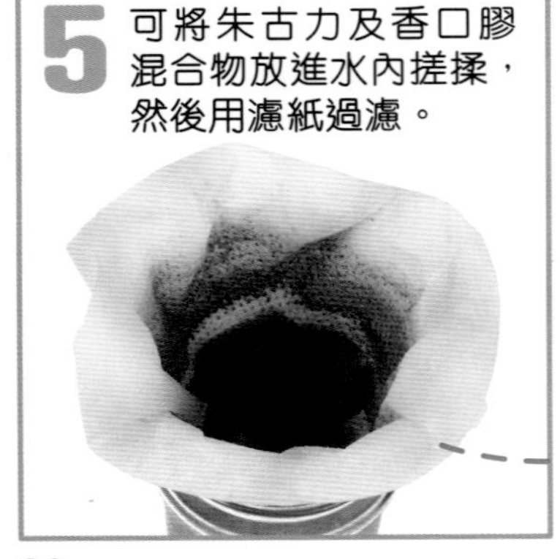

只剩下零星碎屑！

可是香口膠似乎會在朱古力入面溶解，然後很易碎開呢，所以研製失敗了。

香口膠會被朱古力內的油脂溶解，而且它們的口感也不太配合，混合起來該不好吃。
也是呢……

朱古力的溶解力

朱古力主要含有可可質、可可脂及糖，可可脂能溶解香口膠，因此可破壞香口膠的結構，使它碎裂。

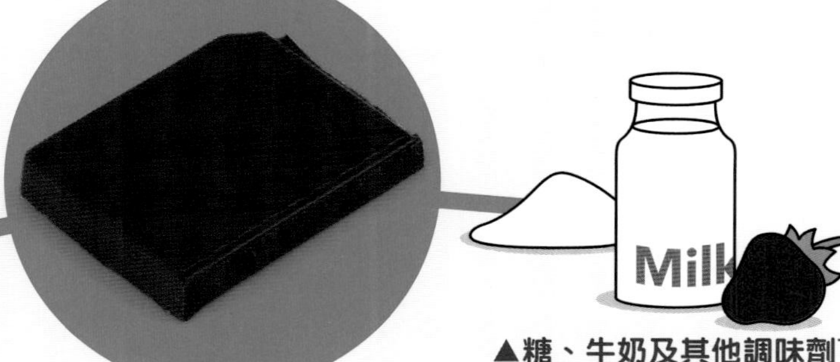

◀**可可質**是從可可豆提煉而成，味道苦澀，是朱古力最主要的成分。

▲**糖、牛奶及其他調味劑**可賦予朱古力不同的口味。

▶**可可脂**則是從可可質分離出來的脂肪，可使朱古力更順滑，而且會溶於油性物質。

◀膠基雖不溶於水，卻可溶在油性物質內，因此把它混合朱古力後，就會在可可脂內溶解。
此外，朱古力通常加入了乳化劑，如再混合水分，可可脂及膠基就會平均分散，這個過程稱為「乳化」。

▶**膠基**是香口膠的固體部分，一般由天然橡膠混合其他化學物質製成，無味，也沒有營養。

▲**代糖**是香口膠的甜味來源。

▲**甘油、塑化劑、調味劑**等賦於香口膠不同的味道。

再加以搓揉，香口膠就會輕易碎開了。

一些家居常見的物件也運用了乳化作用呢！

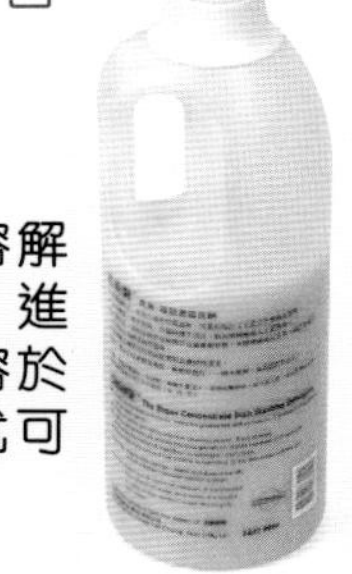

▶洗潔精可溶解碗碟上的油，進而使油一起溶於水中，這樣就可輕易沖走。

◀醬料和牛油等都是混合油脂及水、並乳化而成的調味料。而牛奶也是經過乳化，否則當中的脂肪及水會分離啊！

百變數學MAGIC卡

想成為出色的數學魔術師，就要先通過三個等級的考驗！

等級1

4+2=28
6+3=218
8+4=232
9+3=327
10+5=250
12+3=□□□

來，把正確的數字卡掛上去吧。
1 2 3 4 5
6 7 8 9 0

等級2

提提你，不用繁複計算，10秒就能找出答案了。

A 請用這四張卡砌出三個能被9整除的四位數。

B 請用這四張卡砌出三個不能被9整除的四位數。

等級3

請用這五張卡砌出一條合理的算式。

2 4 6 = 8

這題需要懂得一些高年級的數學知識呢。

你能成為數學魔術師嗎？
立刻揭到P.56看看吧！

大偵探
福爾摩斯
SHERLOCK HOLMES
科學鬥智短篇㊺
金璽的詛咒(3)
厲河=改編 鄭江輝=繪
奧斯汀・弗里曼=原著 陳沃龍=着色

福爾摩斯 精於觀察分析，曾習拳術，是倫敦最著名的私家偵探。

華生 曾是軍醫，樂於助人，是福爾摩斯查案的最佳拍檔。

上回提要：

富豪馬丁・羅蘭茲在家中書房服毒死去，現場的環境顯示他死於自殺。老律師布羅德里伯代表保險公司請大偵探調查。福爾摩斯和華生在通往馬丁家的林蔭小徑上發現兩組鞋印，分別由皮底鞋及膠底鞋留下。皮底鞋鞋印呈外八字，每隔兩步就留下一個由手杖戳出來的小坑。福爾摩斯認為鞋印的兩個主人是認識的——穿膠底鞋的是「主」，穿皮底鞋的則是「客」。福爾摩斯兩人抵達馬丁家後，發現死者馬丁竟是那膠底鞋的主人！他們更從其弟湯姆口中得悉，馬丁日前低價購得巴比倫國王的金璽，引起了金璽的原物主科恩少校（腿部傷殘）和古董店店主萊昂的爭奪。福爾摩斯請湯姆從保險箱中取出金璽檢視，在對比馬丁繪在紙上的記錄後，似有發現卻又不動聲色。之後，他與華生回到林蔭小徑以石膏模套取鞋印和小坑作證物。在套取小坑的石膏模時，更在石膏上嵌入一條幼線作為「方向」的記認。因為，穿皮底鞋的那個人很可能就是兇手！翌晨，他與華生去到疑兇住所附近與蘇格蘭場孖寶會合。就在這時，疑犯外出，四人連忙閃進街角監視……

華生看到，那人**高高瘦瘦**，走路時步履好像有點不靈活，右手還拄着一根**手杖**，一小步一小步的，看來頗有點吃力。

「啊……」華生驀然醒悟，「難道……難道他就是那個傷過腿的**科恩少校**？」

「不，昨天我已去觀察過科恩少校，他雖然行動不便，但走路時並不是八字腳。」福爾摩斯說，「但你看那個人，他很明顯是**外八字**。」

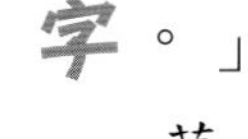

華生再定睛看去，果然一如老搭檔所述，是外八字。

「看清楚了吧？他正是皮底鞋鞋印的主人。」

「啊……那麼他是誰？」

「他就是古董店店主**萊昂**！」福爾摩斯眼底閃過一下寒光，「昨天我檢視了那枚金璽之後，已懷疑他就是毒死馬丁的疑犯了。」

「所以我們監視了一個晚上，以為他會有所行動，沒想到現在才出來。」李大猩說。

華生擦亮眼睛再看，驚訝地說：「啊！他的**手杖**好像跟湯姆的**一模一樣**！」

萊昂從對面的街道一直往西走，四人遠遠地監視着。接着，他突然舉手截停了一輛馬車，並匆匆地鑽進車內。

「糟糕！他上了車！」李大猩低聲叫道。

說時遲那時快，福爾摩斯已衝出馬路攔住了一輛馬車，並叫道：「快上車，追！」

三人不敢怠慢，馬上跟着福爾摩斯跳上了車。

「**快追前面的馬車！**」福爾摩斯打開小窗向馬車夫喊道。

「知道！」馬車夫回應一聲，立即加速追去。半個小時後，萊昂的馬車拐到**衛城酒店**的門前，忽然停了下來。

「先生，對方停車了。怎麼辦？」馬車夫回過頭來問。

「你也慢慢地停車吧。」

「好的。」馬車夫緩緩地減慢速度，並在適當的距離停了下來。

待萊昂進入酒店後，福爾摩斯四人馬上下車急步追去。可是，當他們走進酒店大堂時，萊昂卻已失去了蹤影！

「**糟糕！給他逃了！**」李大猩大驚。

「不，我知道這酒店沒有後門，他應該是剛上了樓。」福爾摩斯指着前面的升降機說。

三人往福爾摩斯指的方向看去，只見升降機上的數字燈正在閃動。

「1樓……2樓……3樓……4樓……**5樓！**」狐格森看着數字燈說，「**在5樓停了！**」

「狐格森，你在這裏守着，以免萊昂下來逃去。」福爾摩斯說，「我們由樓梯上樓，看看他來這裏與甚麼人會面。」說完，他向李大猩和華生說了聲「走」，就往直降機旁邊的樓梯奔去。三人**氣喘吁吁**地奔上了5樓，但走廊上卻**空無一人**。

「一定是進入了其中一個房間。」福爾摩斯低聲說，「我們搜一下。」

「好！」李大猩點點頭。

三人走過四間緊閉着的房間後，卻發現第五間房的房門半掩，並沒有關緊。福爾摩斯**小心翼翼**地推開房門，一個嚇人的情景馬上闖入眼簾！

原來萊昂已俯伏在地上，背後還插着一把**匕首**！

「怎會……？」李大猩和華生被嚇得**大驚失色**。

福爾摩斯上前蹲下，探了一下萊昂的頸脈，搖搖頭說：「他已死了。」說着，他又搜了一下萊昂的口袋。

這時，李大猩也不敢怠慢，馬上打開掉在地上的**手提包**來看。

「怎樣？搜到甚麼嗎？」華生問。

「**空空如也**，甚麼也沒有。」李大猩說着，轉過頭去向大偵探問道，「你那邊呢？口袋裏有甚麼？」

「除了一個**煙盒**、一盒**火柴**、一條**手絹**、一個**懷錶**和一個夾着幾張鈔票的**皮夾子**外，並沒有其他東西。」

「皮夾子和懷錶都沒被搶去，證明這不是一般的搶劫。」李大猩緊張地說，「賊人分明就是來搶**金璽**的！」

「搶金璽？」華生赫然一驚，「金璽不是在馬丁家的保險箱裏嗎？」

「那只是一枚**仿製品**。」福爾摩斯往屍體瞥了一眼，「真的應該給他偷了。」

「啊……」華生詫然，「你怎知道的？難道你在檢視那枚金璽時，已發現那是假貨？」

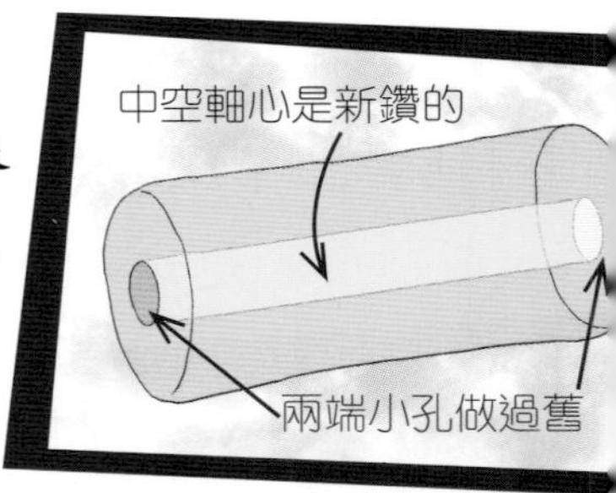

「沒錯。」福爾摩斯說，「它的外表仿真度很高，連兩端的小孔都**做過舊**，但中空的軸心卻露了餡，手工太新淨了，就像**新鑽**出來的一樣。而且，末端的直徑比紙上的記錄少了**1毫米**。」

「少了1毫米！原來你當時說甚麼『**分毫不差**』是撒謊！」華生恍然大悟。

「對，在未查出真相之前，我必須**留有一手**。」

「可是，你怎知道偷金璽的是萊昂？」華生問。

「他只是嫌疑犯之一，本來科恩上校也是我的目標，但我看過他走路時不是**外八字**後，就把他從名單中剔除了。不過，萊昂從一開始就比少校更可疑倒是真的。」

「此話怎講？」

「因為他是開古董店的，又是修復和**仿製古董的專家**，在有關人等之中，能在短時間內仿製出金璽的只有他。」福爾摩斯說，「所以，我通知李大猩和狐格森監視他，看看他有甚麼動作，例如接觸買家之類。但沒想到——」

「沒想到他卻那麼快就被人殺了！」李大猩悻悻然地說，「一定是買家幹的！買家把金璽搶走就不用付錢了。」

「是的，確實有這個可能。但金璽**價值連城**，這麼快找到買家也不容易。」福爾摩斯**自言自語**，「除非……除非那個買家早已存在吧。難道……是那個美國學者巴特曼教授？萊昂知道他願出價數千鎊，或許先會找他。不對，巴特曼教授對金璽的**來龍去脈**都很清楚，萊昂找他買的話等於暴露自己**謀財害命**。」

就在這時，狐格森忽然衝進來了。

「怎麼了？不是叫你守住樓下嗎？」李大猩責難，並指着地上的屍體說，「這裏出了狀況，我們趕到時，萊昂已被人殺死了。」

「啊……」狐格森詫然。

「你來得正好，剛才有沒有看到人下樓？」福爾摩斯問。

「有呀。」狐格森答道，「但不用擔心，你們追上樓後，我一直看着電梯的數字燈。它只在**4字**停了一會，接着就一直去到地下了。電梯門打開時，有一對母女和一個男人走出來。所以，我估計他們是4樓的住客。」

「不一定，這家酒店的走廊左右各有一條樓梯，我們是從**右側的樓梯**跑上來的，如兇手在殺死萊昂後從**左側的樓梯**下樓的話，不但不會碰到我們，

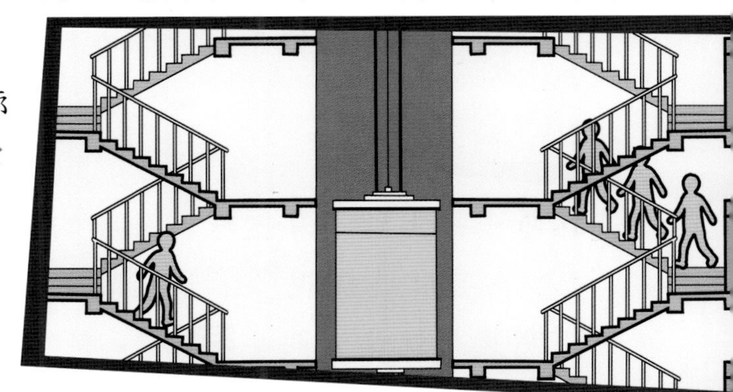

還可從**4樓**乘搭升降機到大堂去。」福爾摩斯分析道。

「走到4樓才乘搭升降機嗎？這兇手太狡猾了。」華生不禁**咋舌**。

「所以，那男人有可疑，他的長相怎樣？年紀多大？」福爾摩斯向狐格森問道。

「長相嗎？他把帽子拉得低低的，看不到面容啊。」狐格森想了想，「但他一身西裝革履又步履穩健，看來是個**中年人**。」

「雙手有沒有拿着甚麼？」福爾摩斯再問。

「讓我想想看……」狐格森用牙籤刮了刮頭皮，「我肯定他沒有拿手提包之類的東西……呀，對了，他**左手**拿着一根**手杖**。」

「手杖？」華生驀然驚醒，連忙往地上的屍體看去，「糟糕！萊昂的手杖！他的手杖不見了！」

「他剛才還拿着的呀！」李大猩向狐格森罵道，「不得了！一定是給你看到的那個男人拿走了！你怎麼那麼笨，竟然放走了兇手！」

「甚麼？我放走了兇手？我怎知那是兇手啊！」狐格森抗議。

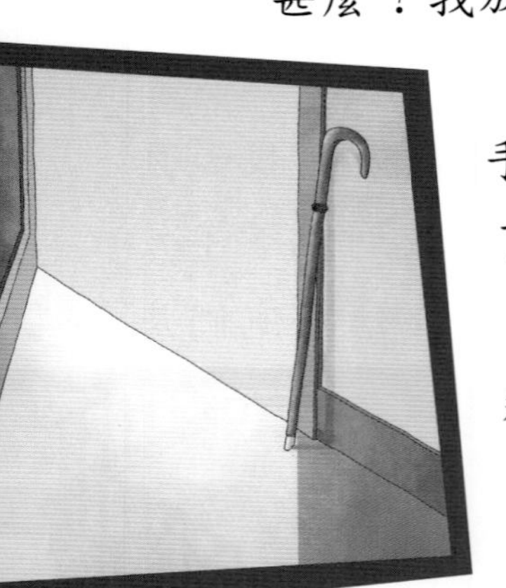

「哎呀，別吵了！」福爾摩斯連忙制止，「萊昂的手杖**擱在門旁**，並沒有被人拿去，我一進來就看見了。」

「甚麼？擱在門旁？」李大猩轉頭一看，果然，那根手杖就靠在門框旁邊。

福爾摩斯走過去把手杖拿起，倒過來仔細地看了看末端的**金屬箍**，說：「這是湯姆的手杖，這證明在林蔭小徑上留下穿皮底鞋鞋印的那個『**客人**』，就是**萊昂**。」

「為甚麼這樣說？」華生質疑，「就算這是湯姆的手杖，但又如何證明萊昂就是那個『**客人**』呢？」

「因為，皮底鞋鞋印旁邊的**小坑**，就是這根手杖戳出來的。」福爾摩斯指着手杖末端的金屬箍說，「你忘了嗎？小坑的右邊**扁平**，並不呈弧形，而這個金屬箍的右邊被**磨平**了，也不是**弧形**。這足以證明萊昂曾拄着這根手杖與馬丁一起走過那條林蔭小徑，所以，他就是那個『**客人**』。」

「**且慢！**」李大猩擺擺手說，「所有手杖用得多了，末端的金屬箍都會被磨平，你不能單憑這一點，就認定小徑上的小坑是由這根手杖戳出來的呀。」

「問得好。」福爾摩斯一頓，然後轉過頭去向華生說，「昨天我和你在兩個小坑的石膏上嵌入一條**幼線**時，我曾說過，除了通過幼線可以量度出兩個小坑的距離之外，更重要的是確定小坑的『**方向**』，但你當時看來不太明白吧？」

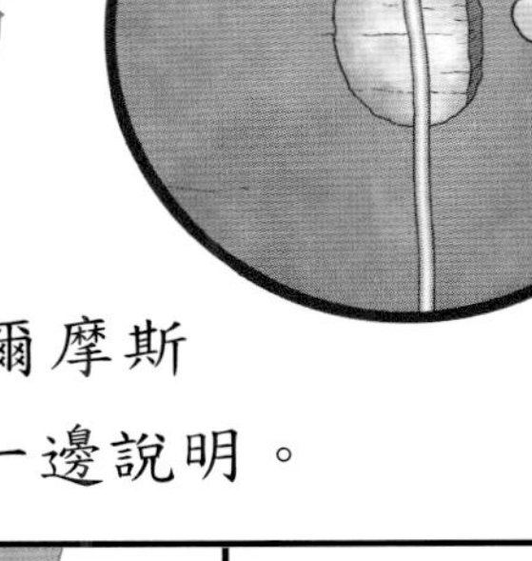

「是的，我到現在還不明白啊。」

「那麼，就待我詳細說明一下吧。」福爾摩斯說着，從記事本中撕出一張白紙，一邊繪圖一邊說明。

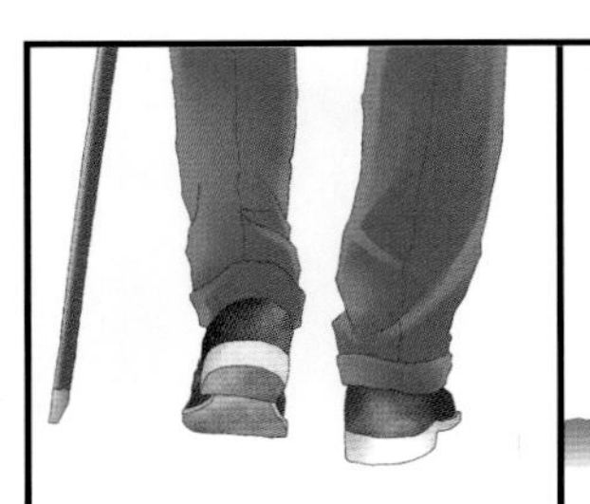

左撇子拿着手杖時。

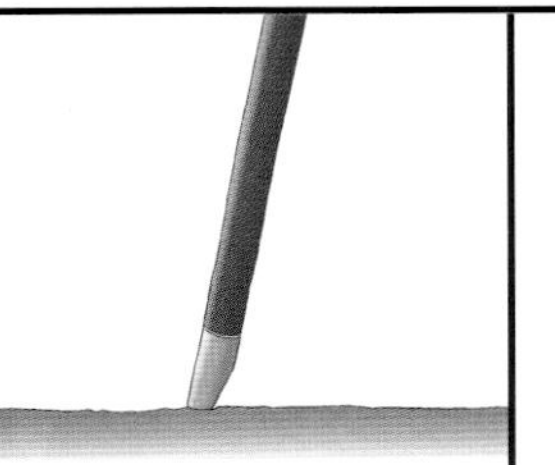

左撇子拄着手杖走路時，會傾向把手杖稍為向左斜插向地面。

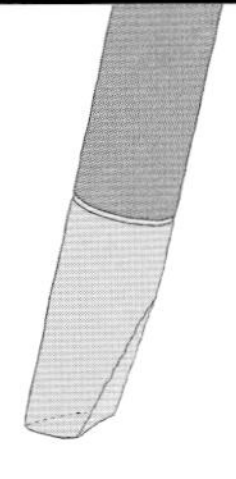

這時，手杖末端金屬箍的右側因為常與地面磨擦，就會被磨平了一角。

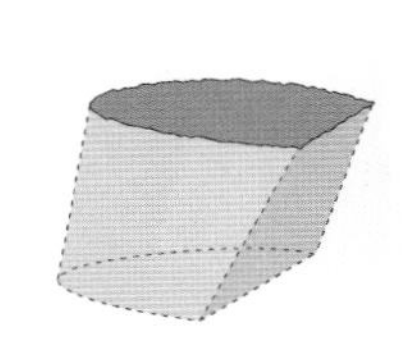

故此，這種手杖戳出來的小坑，其右側就會呈扁平狀了。

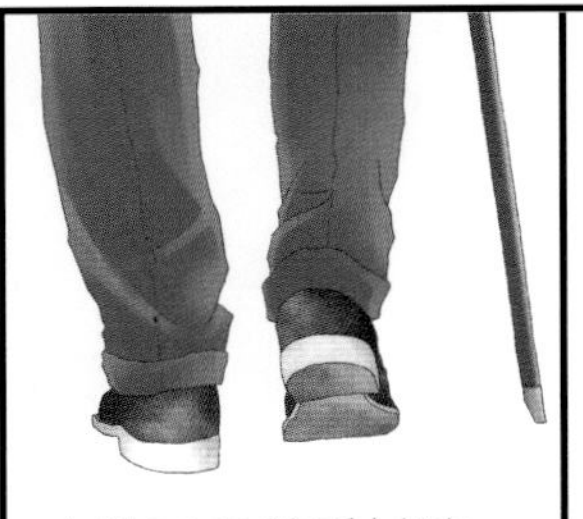

右撇子拿着手杖時。

右撇子拄着手杖走路時，會傾向把手杖稍為向右斜插向地面。

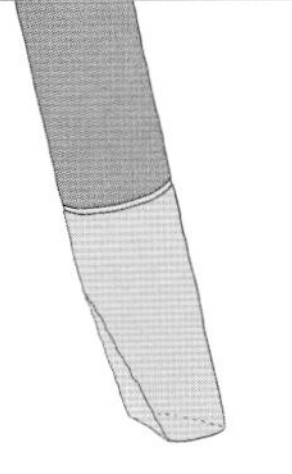

這時，手杖末端金屬箍的左側因為常與地面磨擦，就會被磨平了一角。

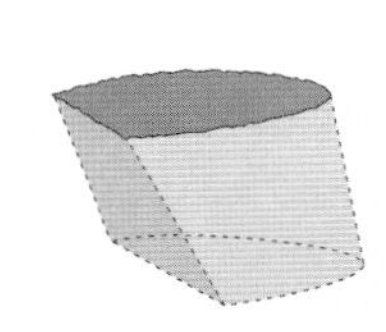

故此，這種手杖戳出來的小坑，其左側就會呈扁平狀了。

「『方向』的意思，就是通過**小坑的形狀**，可以分辨出那是**左撇子手杖**或**右撇子手杖**造成的。」福爾摩斯總結道，「很明顯，林蔭小徑上那些皮底鞋鞋印右邊的小坑，是用**左撇子手杖**戳出來的。而最弔詭的是，一個右撇子為何會拿着一根左撇子的手杖來走路呢？當湯姆說有人在會計師樓的會議後拿錯了他的手杖，我就懷疑，毒殺馬丁的疑兇就是其中一個**會議出席者**。」

「啊！我明白了！」華生恍然大悟，「剛才我們看到萊昂用右手拄着手杖走路，他毫無疑問是個右撇子。但這根卻是左撇子的手杖，所以，在林蔭小徑與馬丁一起的『**客人**』，就是**萊昂**！」

「哼！就算知道毒殺馬丁的兇手是萊昂又怎樣？」李大猩說，「現在萊昂自己也被人殺了，所有線索都斷了啦！」

「是的，看來我們已走進了**死胡同**……」福爾摩斯想了想，向狐格森問道，「你再想想看，那個從升降機走出來的男人還有甚麼**特徵**嗎？」

「唔……」狐格森沉思片刻，搖搖頭道，「他穿着沒有甚麼特別啊。不過，剛才我也說過，他是用**左手**拿着手杖的。」

「哎呀，左撇子多的是，這也不算甚麼特徵啊。」李大猩沒好氣地說。

「是的，左撇子多的是，如湯姆就是個**左撇子**，我們總不能這樣就懷疑——」福爾摩斯說到這裏突然止住，他瞪大眼睛呆了一下才叫道，「**方向！**金璽的方向就是線索呀！我太愚蠢了，竟然連近在眼前的線索也看不到！我們立即去馬丁家，找湯姆問個清楚！」

「究竟是甚麼回事，你可以先說清楚嗎？」華生問。

「沒時間了，上車再說吧。你們按照我的吩咐去做就行了。」

一行人去到馬丁家時，剛好在門口碰到到訪的老律師布羅德里伯。

「咦？怎麼兩位探員也來了？」老律師與兩人是舊相識，有點訝異地問道。

福爾摩斯沒回答他的問題，只是說：「你來得正好，就來作個見證吧。」

經過僕人的通傳後，眾人在客廳中見到了湯姆。

「非常抱歉，我們又來打擾了。」福爾摩斯說。

「沒關係。」湯姆仍然一臉憂傷，「請問……是否已確定家兄是死於自殺呢？」

「這個嘛……」福爾摩斯裝作有點猶豫地說，「今早出了點意外，那個古董店店主萊昂遇害，令事情變得複雜了。」

「甚麼？萊昂遇害了？」老律師大吃一驚。

「他……他遇害了？」湯姆被嚇得臉色刷白，「啊……難道真的如傳說所言，與金璽有關的人都會死於非命？」

「蘇格蘭場懷疑他的死與令兄的案子有關，派這兩位警探來調查了。」福爾摩斯道出來意。

「啊……」湯姆窘迫地點點頭，「我明白，力所能及的，我都會配合。」

「謝謝你，是這樣的……」李大猩和狐格森裝模作樣地問了一些無關痛癢的問題後，忽然話鋒一轉，出其不意地切入正題：「對了，一切皆由那枚金璽而起，我們要拿回去作為證物。」

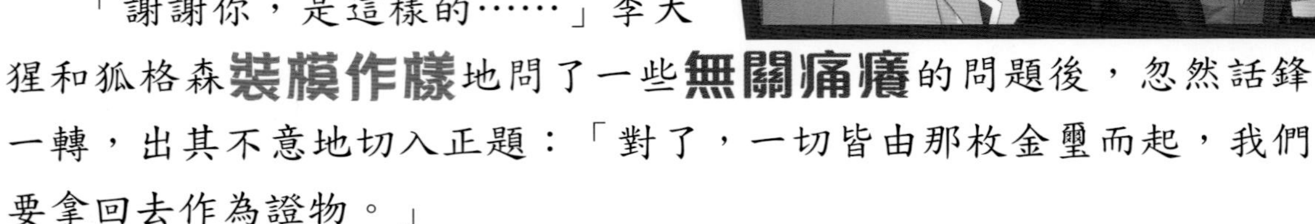

「這個……」剎那間，湯姆臉上的憂傷忽然消失了，代之而起的是一抹警戒之色，「金璽價值連城，把它拿來拿去，不太安全吧？」

「你當我們蘇格蘭場是吃素的嗎？」李大猩裝作生氣地說，「放在我們那裏，比放在銀行的金庫更安全呀。」

「可是——」

「喂！你究竟是不肯拿來，還是你已經擅自取走了？」李大猩不客氣地恐嚇，「別忘記，在未辦遺產領取手續之前，不可亂動你哥哥的東西呀！」

「這位探員說得有理，馬丁逝世後，他的財產馬上就被凍結了，任何人都不可亂動。」老律師也說明道。

「我沒有亂動呀，昨天在你們面前放回去後，我連保險箱也沒碰過。」湯姆辯解道，「不信的話，我帶你們去看看。」

「好呀！馬上去看。」李大猩正中下懷似的，暗地裏向福爾摩斯咧嘴一笑。

華生心中也覺得好笑，他沒想到李大猩演戲也有一手，竟然完美演出了福爾摩斯剛才在馬車上安排好的劇本。

眾人來到書房後，湯姆用鑰匙打開了保險箱，取出了公文袋，並把它遞給了福爾摩斯。

福爾摩斯從袋中取出那個**小木盒**，用力地邊打開蓋子邊說：「這個蓋子的彈簧拉得很緊，要很大力才能打開呢。」

「是的，蓋子實在很緊。」湯姆也點點頭說。

福爾摩斯把蓋子打開了，金璽**原封不動**地躺在裏面，看來並無異樣。

「嘿嘿嘿……」福爾摩斯冷笑道，「**此案最重要的時刻終於來臨了，大家要看清楚這枚金璽啊。**」

「我們昨天不是已看過了嗎？」老律師不明所以，「還要看甚麼？」

「嘿嘿嘿，這不是昨天那枚，有人把它**調換**了。」

「怎麼可能？」湯姆愕然，「保險箱的鑰匙一直由我保管着，沒有人能調換金璽啊。」

「是嗎？但我**百分之百**肯定，這不是昨天那枚啊。」

「你這麼說的話，難道這枚是假的？」老律師詫異地問，「有人**偷龍轉鳳**，把真的換走了？」

「嘿嘿嘿，確是偷龍轉鳳，但情況剛好相反，**有人以真的金璽換走了假貨**。」

「甚麼？」老律師不敢置信，「怎會有賊人那麼笨蛋，偷走了假的，卻把真的換回來？」

「讓我來告訴你吧。」李大猩語帶戲謔地說，「假的只能暫時騙騙人，只有繼承真的金璽，才能**名正言順**地把它當作遺產拍賣，大賺一筆呀。」

「繼承真的金璽？」老律師赫然一驚，不期然地望向湯姆，「有資格繼承遺產的只有他，你不是指控他**偷龍轉鳳**吧？」

「嘻嘻，律師先生，你猜中了。」狐格森笑嘻嘻地說，「偷龍轉鳳，**以真換假**的就是這位湯姆．羅蘭茲先生了。」

「你別**含血噴人**！我為甚麼要這樣做？」湯姆有點慌張地抗辯，「不管金璽是真是假，昨天和今天都是這一枚。」

「你肯定？」福爾摩斯問。

「當然肯定！怎樣看，金璽也**一模一樣**！」

「老朋友，你是見證人，請你務必看清楚這枚金璽，記住它的每一個細節啊。」福爾摩斯把手中的小木盒伸到老律師面前，嚴肅地說。老律師雖然**不明所以**，但也不敢怠慢，探過頭去看了又看。

「看夠了吧。」福爾摩斯說着，輕輕地從小木盒中取出金璽，就像昨天那樣，從放大鏡中抽出短尺，量了**長度**和**直徑**，又窺看了一下兩端的**小洞**。

「果然是真貨，昨天那枚底部的直徑少了**1毫米**，但這枚長度和兩頭的直徑都跟馬丁．羅蘭茲先生寫在紙上的記錄一樣。更重要的是，這枚的軸心與昨天那枚不同，並不是**新鑽**的。」福爾摩斯**有條不紊**地說。

「怎會？」老律師訝異，「你昨天不是說直徑一樣嗎？而且，你昨天並沒有說軸心是新鑽的啊。」

李大猩未待福爾摩斯回答，已冷笑道：「嘿嘿嘿，律師先生，我們查案的，在未查出真相之前，會隨便透露已掌握的**線索**嗎？」

「對，在真相未明之前，所有人都是疑犯，當偵探的又怎會向疑犯說出線索？」狐格森譏笑道。

「哼！你們不要再胡鬧了！」湯姆向福爾摩斯狠狠地瞅了一眼，「單憑一個二流偵探的**片面之詞**，就能指控我嗎？他昨天說這，今天又說那，一個**反口覆舌**的人怎可取信？」

「你的意思是要拿出證據嗎？」福爾摩斯問。

「還用說嗎？指控人就必須拿出**證據**！」湯姆發火了。

「他說要拿出證據，你們怎麼看？」福爾摩斯**別有意味**地向李大猩和狐格森問道。

「哇哈哈，笑死人了。」李大猩譏笑道，「證據早已給你看了呀，沒注意到嗎？」

欲知最終真相，請看單行本第50集《金璽的詛咒》！

小偵探破案拿大獎！

各位讀者：你們看到了證據嗎？為了慶祝《大偵探福爾摩斯》即將出版第50集，現舉行一個「破案遊戲」，只要說出本故事中金璽曾被調換過的證據，就可獲得可用於正文社購物網站的HK$500購物券，名額10個。如答中者超過10名，就由厲河老師以抽籤方式抽出得獎者。

（本刊出版社員工及親屬不得參加）

參加辦法：請把答案寫在一張紙上，並寫下你的姓名、地址和聯絡電話
寄往：柴灣祥利街9號祥利工業大廈2樓A室 匯識教育 破案遊戲收
截止日期：2020年7月14日（只接受郵寄，郵戳為憑）
得獎名單公佈日期：2020年7月15日下午5時
公佈媒體：《兒童的學科》facebook專頁（另有專人聯絡得獎者）

科學小知識

【石膏】

石膏是一種單斜晶體礦物，主要化學成分是硫酸鈣，大分為以下三種：

①生石膏（二水石膏），化學式為$CaSO_4 \cdot 2H_2O$。

②熟石膏（半水石膏），化學式為$CaSO_4 \cdot 1/2H_2O$。

③無水石膏（無水硫酸鈣），化學式為$CaSO_4$。

在本故事中，福爾摩斯用的石膏粉，是第②種的熟石膏。由於它與水混合後具可塑性，而且很快就會硬化凝固，過程中還會放熱和略為膨脹，故很適合用於鑄模。

有關石膏的詳細解說，請參閱本刊第181期p.17-21專欄「石膏工作坊」。

從香港閱讀世界

洗滌心靈·鼓舞人生

年度主題「心靈勵志」

今年書展的年度主題是「心靈勵志」，將推介一些經典的心靈勵志作家及書籍。十位年度主題作家包括阿濃、鄭國江、李焯芬、蔡元雲、胡燕青、羅乃萱、陳美齡、沈祖堯、素黑及陳塵。當中，陳美齡及羅乃萱將於書展期間展出她們有關培育子女及親子關係的書籍，一眾為照顧及管教子女、子女成長及升學、家庭問題而煩惱的媽媽們不容錯過！

「文藝廊」三大專區

「從心「書」發」

展出十位年度主題作家的珍貴手稿、物品及書籍之外，亦包括其他作家的暢銷「心靈勵志精選書目」，涵蓋約30本多元化以及有勵志導向性之暢銷書目，以配合年度主題。

「我們的快樂回憶 — 兒童樂園」

《兒童樂園》於50年代創刊，是香港史上最長壽的兒童讀物，陪伴許多香港人成長，其主編羅冠樵更創作了不少膾炙人口的人物。展區將展出不同年代的《兒童樂園》、畫作原稿及相關精品，讓參觀人士重溫這個樂園為大家帶來的積極價值觀及純樸的赤子情懷。

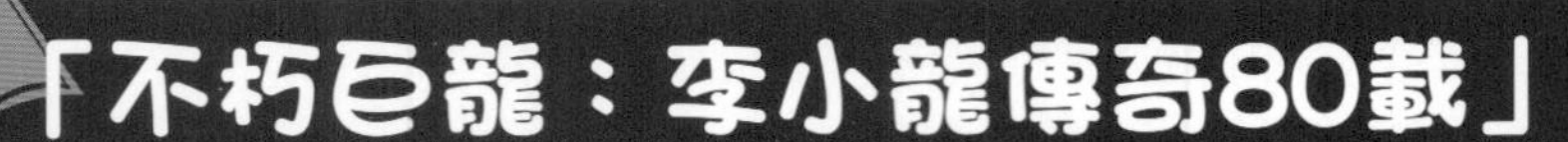

「不朽巨龍：李小龍傳奇80載」

適逢今年是香港武打巨星李小龍誕辰80周年，大會與李小龍會攜手合作，展出珍貴的李小龍照片、剪報、相關藝術作品及收藏品等，與參觀人士重溫李小龍精彩的傳奇人生。

由香港貿易發展局主辦的第31屆香港書展以「從香港閱讀世界・洗滌心靈　鼓舞人生」為題，寄望讀者透過書展培養正能量，令心靈重新洗滌，自我成長，創造美好人生。

八大主題講座 中外名家雲集書展

今屆書展設有八大講座系列，包括「名作家講座」、「英語及外語」、「世界視窗」、「本地歷史文化」、「寫意生活」、「心靈勵志」、「兒童及青年閱讀」、以及「年度主題」講座系列。另外，今年大會將會繼續與《明報》及《亞洲週刊》合作，邀請來自兩岸及香港的著名作家出席講座。大會亦邀請了外語作家參加分享會，包括Peter Gordon 、 Juan Josē Morales、Gillian Bickley 及 Mark O'Neill 。

兒童天地——名人講故事

為提高兒童閱讀興趣並推動親子閱讀風氣，兒童天地雲集各類益智書刊，更舉辦一系列親子活動，讓小朋友寓學習於娛樂。其中「名人講故事」系列，邀請到陳家亮教授、劉偉明、梁繼璋、姚潔貞等社會各界知名人士為小朋友講故事及分享閱讀的心得，互動學習。

第31屆香港書展

日期：2020年7月15至21日
地點：香港會議展覽中心
開放時間：
2020年7月15至16日：上午10時至晚上10時
2020年7月17至18日：一樓展館－上午10時至午夜12時
三樓展館－上午10時至晚上11時
2020年7月19至20日：上午10時至晚上10時
2020年7月21日：上午9時至下午5時

門票詳情：
上午進場票：港幣$10（中午12時前進場）
成人票：港幣$25
小童票：港幣$10
3歲或以下小童及65歲或以上長者：免費進場
詳情請瀏覽網站：
www.hkbookfair.com

開心遊戲 迎接新朋友！

參加辦法
在問卷寫上給編輯部的話、提出科學疑難、填妥選擇的禮物代表字母並寄回，便有機會得獎。

我已經準備好遊戲，開學後跟同學大玩特玩！

A 酒店大亨 1名

經典酒店經營桌遊，附有豪華酒店建築物模型！

B 兒童桌上足球機 1名

在家展開緊張刺激的足球比賽！

C 木製Ukulele 1名

夏威夷小結他，附送教學琴譜及樂器袋！

D 層層疊吊橋版 1名

增設吊橋底座，難度滿分！

E 香蕉拼字遊戲 1名

在得意的香蕉包裝裏，是有趣英文拼字！

F 紙箱戰機模型 1名

雙劍型主角機帕修斯！

G MARVEL SUPER HERO MASHER 1名

變形俠醫四肢可以自由組合！

H 浮水畫套裝 1名

將顏料倒入水中，印出幻想風格圖畫！

I 星光樂園Q版偶像FIGURE 2名

一次過送你SoLaMi♥SMILE三位偶像！

第181期得獎名單

	禮物	得獎者		禮物	得獎者
A	大富翁瑪利歐賽車香港版	吳冠燁	J	鱷魚夾夾樂	黃睿暉
B	迪士尼公主連梳妝台	侯玥曈	K	3D迷宮天才波	紀麗瑩
C	LEGO® Classic Bricks and Lights 11009	羅以行	L	BEAST遙控特技車	吳愷恩
D	TOMICA反斗車王打冷鎮城市道路套裝	程允祈	M	Huzzle解謎玩具「奏」	楊樂祺
E	自製太陽能系統	巫嘉晞	N	美斯泡泡足球	黃梓洋 楊明懿
F	Hello Kitty幸福列車	徐仲廷	O	憤怒鳥蛋形拼裝車	黃幸寧 李北辰 張婧琳
G	Alien Reaction連鎖效應實驗	黃凱琪			
H	ANIA動物園套裝	劉家銘	P	星光樂園Q版偶像Figure	徐綽悠 邵玥羲 洪靖晴 胡芷晴 王升韻 溫芊穎
I	Crayola星球大戰虛擬設計畫冊	劉喬熙			

規則
截止日期：7月31日
公佈日期：9月1日（第185期）

★問卷影印本無效。
★得獎者將另獲通知領獎事宜。
★實際禮物款式可能與本頁所示有別。
★本刊有權要求得獎者親臨編輯部拍攝領獎照片作刊登用途，如拒絕拍攝則作棄權論。
★匯識教育公司員工及其家屬均不能參加，以示公允。
★如有任何爭議，本刊保留最終決定權。

《兒童的科學》創作組 = 編
Costo = 插畫
誰改變了世界？
力與光的巨人
牛頓 上

「咚！」

一聲低沉的悶響傳到耳邊，打斷了一名年輕男人的思緒。他往前一看，草地上有顆紅彤彤的蘋果。

他拿起那蘋果，抬起頭來，只見點點陽光從扶疏的枝葉間灑下來，枝頭上結滿令人**垂涎欲滴**的紅色果實。那麼，手中的蘋果顯然曾是樹上一員，只是剛巧掉到地上而已。

「為甚麼蘋果會垂直掉到地上的？而不是向橫飛出，又或者向上升呢？」年輕人**若有所思**，「它的路徑明顯指向**地球中心**，那麼一定有種力量將蘋果拉向那裏的……」

說到這裏，想必大家都知道故事的結果吧？這名年輕人就是**家傳戶曉**的偉大科學家**艾薩克．牛頓** (Isaac Newton)，他因看到蘋果掉落而領悟出著名的**萬有引力**原理。

不過，事實並非如此簡單。蘋果只是其中一個**契機**，猶如一粒投向水中的小石子，令這位大科學家心內泛起陣陣漣漪。此後他還要努力研究多年，幾乎以一己之力完成重要的科學理論，才獲得豐碩的成果，當中包括**力學**、**光學**、**數學**等方面，為人類作出極大貢獻。

早夭的童年

1642年聖誕節，牛頓於英國東部林肯郡一條偏遠的農村伍爾索普出生。其父親與他**同名**，也叫艾薩克．牛頓，是個不識字的**農夫**，但憑藉父祖努力積攢不少財產，牛頓家擁有廣闊農田、大量牲畜和一座莊園。他一直守住家業，令家人過着安穩的生活，可惜早在兒子出生前數月就**去世**了。

至於母親漢娜來自沒落的貴族家庭。她辛苦產下牛頓，與之**相依為命**，到兒子3歲時，就改嫁一名年邁而富有的教區牧師。由於漢娜要與新丈夫到別處生活，只好留下年幼的牛頓在莊園由其**外祖父母**照顧。直至8年後丈夫逝世，她才帶着其家產和牛頓的3個繼弟妹搬回莊園居住。

牛頓一直為母親拋下自己懷怨甚深，也對繼父絕無好感。不過，繼父卻令其**獲益不少**，他身故後留下大量**書籍**，為牛頓打開知識的大門。此外，遺產中還有一本裝幀精美的**筆記簿**，牛頓雖輕蔑地稱作「**廢紙簿**」(waste book)，但仍一直帶在身邊，並於日後寫下引力、微積分等科學論述的草稿，成為重要的第一手研究資料。

1654年，12歲的牛頓到格蘭瑟姆*的國王中學讀書。由於校園離家甚遠，故此他寄住在附近的**藥劑師**克拉克的家。

起初，他的成績不算優異，直至一件事情發生始**突飛猛進**。據說某天上學時他被一個同學欺負，對方是個大個子，且成績不俗。牛頓不甘受辱，放學後找那同學**挑戰**。兩人悄悄來到一處僻靜的地方，隨即掄起拳頭互相攻擊。雖然牛頓較瘦弱，但憑着旺盛的鬥志，終於揍倒對手，並聲言自己不只要打架上取勝，還要在成績上贏過那傢伙。於是，他**發奮圖強**，不久成績已**名列前茅**。

另外，他也很喜歡看書，以前會閱讀繼父遺留下來的書籍，其後則常到教堂的圖書室借閱書本。當時，他受一本講解**簡單機械**的書

*格蘭瑟姆 (Grantham)，英國林肯郡的一個市鎮。

吸引，對機械展現出無比興趣，於是依照書中的方法自行製造一些模型器具，例如靠老鼠推動運轉的風車、紙燈籠、日晷等。

由於克拉克的藥房屬於下鋪上居，牛頓就住在藥房上方，故此常有機會看到藥劑師工作的情況。有時候，他跟在克拉克身邊，細心觀察對方利用各種各樣的化學品調配藥物、製成方劑，從中學到不少化學知識。另外，藥房中有許多科學書籍，也滿足了這個內向而充滿好奇心的寄宿生孜孜不倦地看書的慾望。

經過數年，牛頓已是一個成績斐然的優秀學生，連校長都相信他必定能入讀大學。然而，母親漢娜卻不這樣想。她認為人根本毋須讀這麼多書，就算是文盲也能過上富足的生活，其前夫亦即牛頓的父親老艾薩克就是個好例子。她只想兒子能在家勤勤懇懇地工作，幫忙管理莊園、農地、工人等大小事務。故此，她反對牛頓升讀大學，甚至強迫他輟學，回家幫忙牧羊。

此舉對牛頓而言簡直是晴天霹靂。他回到家後時常與母親吵架，工作時又常常丟三落四，每天都過得非常鬱悶。

幸好，這時有人出手解困，那就是舅舅威廉·艾斯庫，他是劍橋大學的畢業生，明白知識的重要，遂聯同牛頓的校長向漢娜力陳利弊，勸對方別埋沒牛頓的才華。經過連番遊說，漢娜終於答應讓兒子到外地升讀大學。到1661年，牛頓成功入讀**劍橋大學三一學院**。

學院研究與神奇的兩年

17世紀，英國大學仍以教授古希臘**亞里士多德**的思想為主。不過，牛頓並未對此滿足。他一邊上課，一邊尋找各種書籍，閱讀**哥白尼***、**伽利略***、**笛卡兒***、**培根***等人的理論，從中獲益良多，也開始對守舊的古希臘學說心生疑問。

他將自己的疑團如行星如何運行等寫在筆記簿，然後抄下與之相關的著作解說內容，再自行分析推論，把**心得**詳細地寫下來。

1664年夏天，大學三年級的牛頓開始專注研究光的性質，其中一個課題就是光與顏色的關係。究竟**光**是甚麼？**顏色**又從何而來？要解答這些問題，就從他在市集買到一塊**三稜鏡**進行實驗開始。

首先，他在一間房裏拉上所有窗簾，令房間變得黑暗，然後在窗簾開一個**小洞**，讓一縷陽光射進來，再把一塊三稜鏡放到陽光照射的路徑。這時，三稜鏡將光折射到前方的牆壁上，光線顯得**七彩繽紛**，非常美麗。

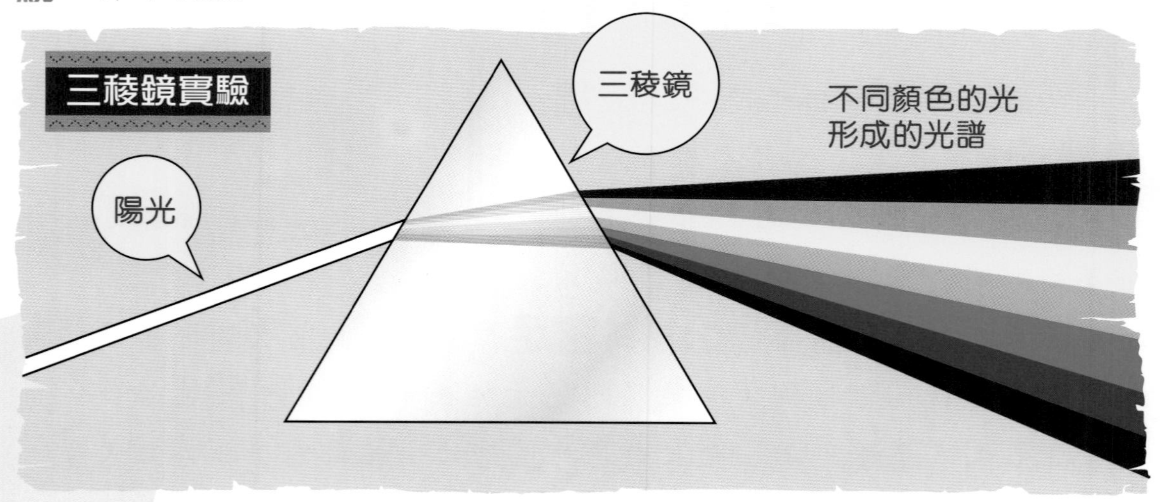

當時人們相信白色是**缺失**了所有色彩的顏色，所以白色的陽光理應不含其他顏色的。然而，牛頓通過實驗卻發現並非如此，三稜鏡將陽光**折射**出不同顏色的光，這表示白光其實是由**紅**、**橙**、**黃**、

*尼古拉・哥白尼 (Nicolaus Copernicus) (1473-1543年)，波蘭天文學家與數學家，詳情請參閱《誰改變了世界？》第2集。
*伽利略・伽利萊 (Galileo Galilei) (1564-1642年)，意大利天文學家與物理學家，詳情請參閱《誰改變了世界？》第2集。
*勒內・笛卡兒 (René Descartes) (1596-1650年)，法國數學家與哲學家，創出「坐標幾何」的幾何學研究方法，對牛頓和萊布尼茨研發微積分有深遠影響。其哲學思想也大大影響歐洲之後數代的哲學家，並留下「我思故我在」的名言。
*法蘭西斯・培根 (Francis Bacon) (1561-1626年)，英國科學家、哲學家與政治家，致力推動實驗科學。

綠、**藍**、**紫**等各種色光結合而成。

此外，他進一步發現人們看到物體的顏色，其實是來自該物**反射的光**，而非一般人認為顏色只固定於物體本身。當光線照射到一件東西時，那東西就會**吸收**某些顏色光，並將其餘的顏色光**反射**出去，照到人們的眼睛上，這樣該物件就顯現出其反映的顏色了。

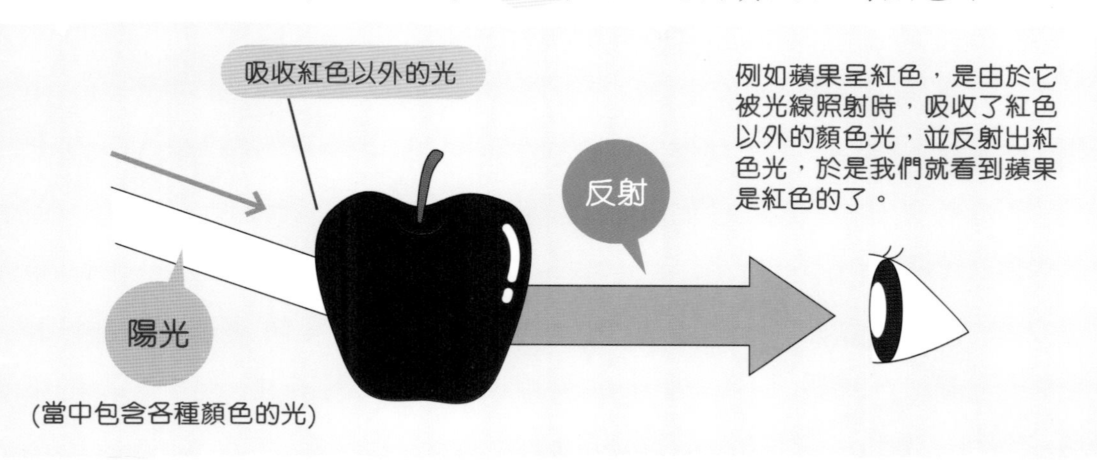
吸收紅色以外的光
例如蘋果呈紅色，是由於它被光線照射時，吸收了紅色以外的顏色光，並反射出紅色光，於是我們就看到蘋果是紅色的了。
反射
陽光
(當中包含各種顏色的光)

另外，為了研究光線，牛頓更進行一些非常**危險**的實驗，差點弄壞眼睛。有一次，他為了觀察眼球受光時產生的彩色光環，竟多次**直視太陽**，每次持續數小時。之後當他望向其他地方時，一切竟變得異常**刺眼**，只好留在黑暗的房間內休息，直到三天後才漸漸恢復視力。

以肉眼直視太陽是極之危險的行為，對眼睛損害甚大，大家千萬別嘗試啊！

除了光學，他也研習**數學**，時常去聽數學教授巴羅*的課程，又購買笛卡兒的《幾何學》等書本**自修**，儘快掌握高等數學的基礎，這對他後來發展微積分與天體力學有極大幫助。

可是好景不常，一場可怕的**瘟疫**打斷了牛頓安穩的大學生活。1665年夏天，英國爆發大規模的鼠疫，奪走數以萬計的生命。這場瘟疫首先在**倫敦**出現，逐漸向外**擴散**，雖然劍橋一帶疫情不算嚴重，但已陸續有人病發而亡。為避瘟疫，牛頓決定暫時離開大學，回到家鄉伍爾索普，住在母親的莊園中。

不過，那並沒打斷其學習進度，反而令他有更多時間充分發揮科

*艾薩克．巴羅 (Isaac Barrow) (1630-1677年)，英國數學家，曾進行無窮小量的數學分析研究，著有《幾何學講義》等書。

學研究的才能。

當時，牛頓繼續大學時期的研究，創出一套名為「流數法」的數學分析方法，日後人們稱此法為「微積分」。微積分的用途十分廣泛，其中能計算曲線斜率，還有不規則物體的面積和體積等。1665年，他寫下《如何求曲線的切線》以及《由物體的軌跡求其速度》兩文，之後又運用流數法計算行星彎曲的軌道，研究它們如何運行。

另一方面，蘋果的傳説也在此時發生。話説某天牛頓在果園裏散步，走着走着，感覺有點熱，就到其中一棵蘋果樹下坐下來休息，靜靜望着前方的風景。突然，一顆蘋果從樹上掉下來，這情景令他慢慢思索出重要的萬有引力原理。可是如開首所述，這個故事大大簡化了牛頓長期的努力。事實上，他早在大學時期就已開始準備，此後多年通過日以繼夜地不斷思考、計算和研究，從而得到驚人的成果。

不過，從1665年開始避疫到1667年劍橋大學重開期間，牛頓一直逗留在家鄉，在各方面研究都有突破發展，故此後世都稱之為「神奇的兩年」。

扶搖直上

1666年夏天，倫敦發生大火災，整個城市幾乎被燒毀殆盡。不過亦由於此事故，反而令這個受鼠疫蹂躪的重災區重現生機，因病菌也被猛烈大火消滅了，此後各地疫情漸漸緩和下來。半年後，大學重開，牛頓得以回去繼續學業，完成學士學位課程。後來，他繼續攻讀並獲得碩士學位，且成為大學的研究員。

當時，牛頓寫了一篇數學論文，令巴羅刮目相看，對其大為賞識。1669年，巴羅辭去劍橋大學盧卡斯數學講座教授*，並指定牛

*盧卡斯數學講座教授 (Lucasian Chair of Mathematics)，是劍橋大學的職位，於1663年根據政治家亨利・盧卡斯 (Henry Lucas，1610-1613年) 的意願而創立，巴貝奇、霍金等著名科學家也曾擔任該職位。

頓接任此職。

1670年初，牛頓重新研究**光學**，又將數年前進行的實驗重做一遍。當中除了三稜鏡，他還使用了各種鏡片，例如他以三稜鏡將光線折射出不同顏色的光譜後，接着在光譜前方放置一塊**凸透鏡**，令所有顏色光重新**聚焦**，射到後方的牆壁上。那些顏色光通過凸透鏡後就匯聚成白光，由此再次證明白光是由各種顏色光構成的。

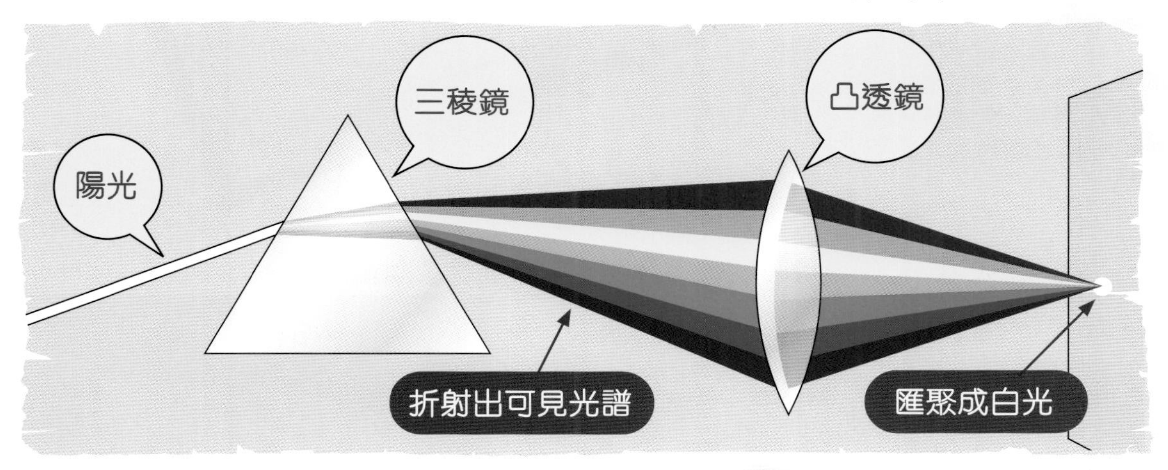

另外，為了闡釋自己的光學理論，牛頓更自行製造一種**反射式望遠鏡**。這款望遠鏡解決了當時折射望遠鏡造成的**色差**問題，而且像素更高，人們就能更清晰地看到遠方的事物。

究竟兩種望遠鏡有何分別？來看看下圖吧！

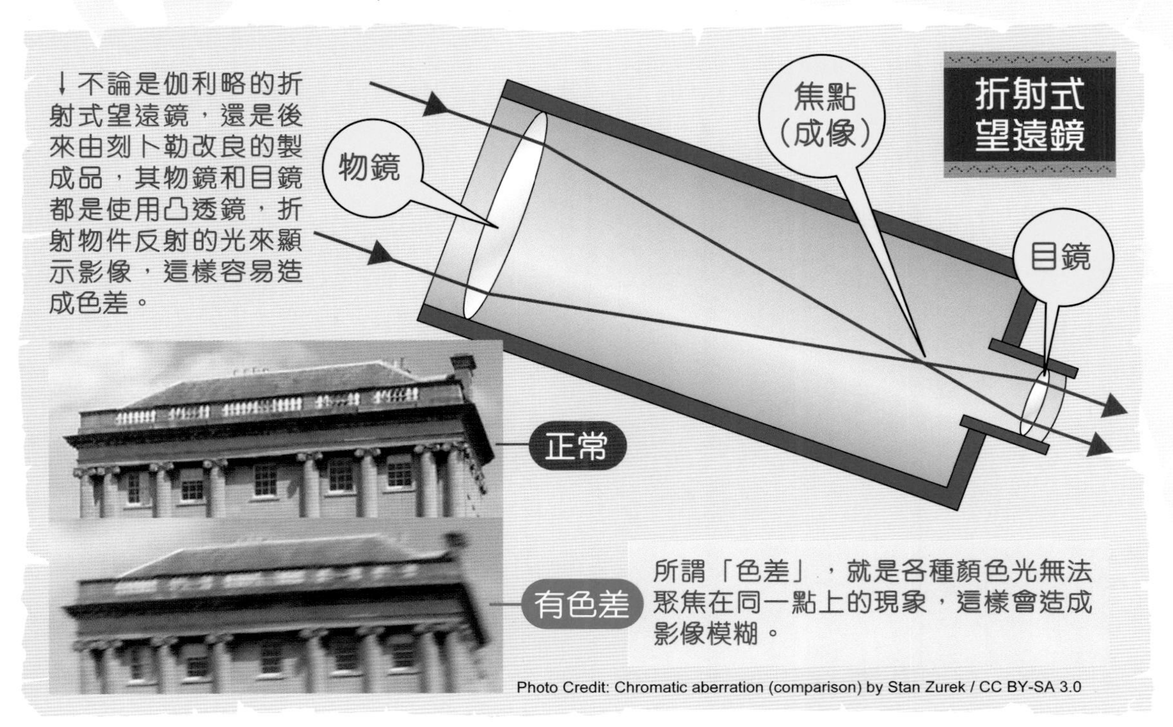

Photo Credit: Chromatic aberration (comparison) by Stan Zurek / CC BY-SA 3.0

反射式望遠鏡

→牛頓製作的反射式望遠鏡，以一塊凹面反射鏡代替凸透鏡作為物鏡，透過反射影像至前方的平面反射鏡，再反射到上方的目鏡。由於毋須採用凸透鏡作為物鏡，解決了色差問題。

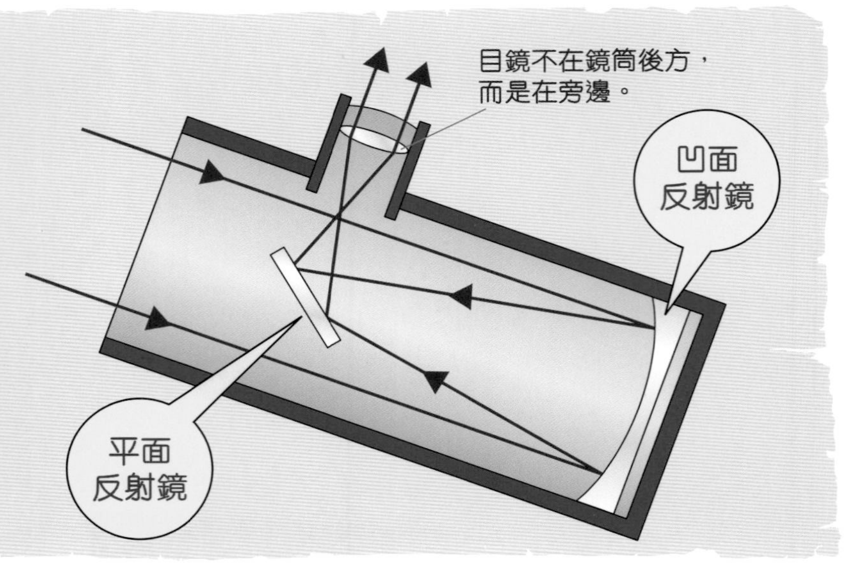

反射式望遠鏡改善了觀察遠方事物的效果，另一方面牛頓也藉着色差，具體說明各種顏色光**結合**後就會形成白光。當他造出新的望遠鏡後，便透過巴羅向**皇家學會**會員展示。眾人皆對新式望遠鏡**大為驚歎**，甚至提議向國王查理二世作御前示範。

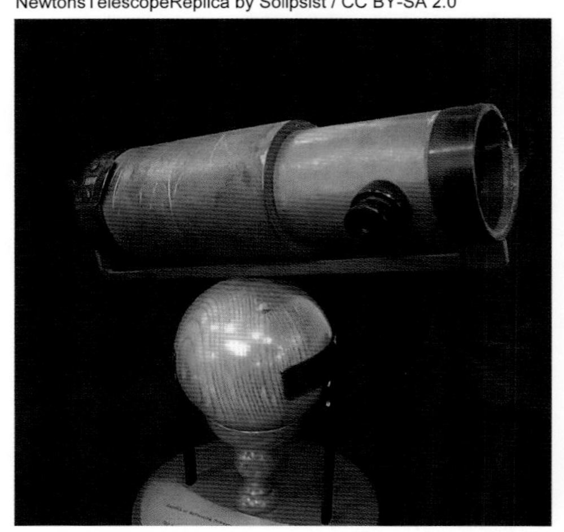

牛頓的反射式望遠鏡複製品

→牛頓親自製造出首個望遠鏡試驗版本時，連反射鏡也是由他打磨而成的。

1672年1月，牛頓當選皇家學會院士。他緊接下來正式發表《光與顏色的新理論》一文，並刊登於皇家學會的刊物內。論文中除了提及顏色光的性質，還有一項**大膽的推論**——光是由許多極微細的**粒子**組成，遇上透明的物件就會穿過去，當遇上不透明的東西則會被其吸收或反射。

可是，這與當時的主流看法不同，許多科學家都認為光本身是一種**波**，猶如聲波一般。故此當牛頓的文章刊登出來後，隨即引起各界注意與批評。許多人都不相信他的顏色理論，認為那只是一種錯誤的**假說**。其中一名叫**虎克***的科學家更大肆狙擊牛頓，兩人因此引發多年的學術論爭。

虎克是英國著名的博物學家，曾自行設計**顯微鏡**去觀察各種細

*羅伯特．虎克 (Robert Hooke) (1635-1703年)，英國博物學家與建築師，曾首次運用顯微鏡觀察出細胞。

小生物，並發表著作《顯微圖譜》，當中記錄了關於**光波說**的見解。另外，他亦是皇家學會的實驗主任，主要檢查學會成員發表的文章與實驗，故其言論在學會可謂**舉足輕重**。虎克審核牛頓的論文時，發現其**光粒說**與自己提倡的光波說有所牴觸，根本不合其「胃口」，遂在學會上肆意抨擊。

另一方面，牛頓也**不甘示弱**，不斷寫信回應，捍衛自己的觀點。最後，他更寫了一封長信交予皇家學會，逐點反駁虎克的論點，才暫時擊退對手。只是，他意想不到自己通過實驗獲得的成果竟被人只據推論隨意批判，故認為那樣對自己**不公道**。面對各種如潮水般的批評，他甚至開始萌生退意：

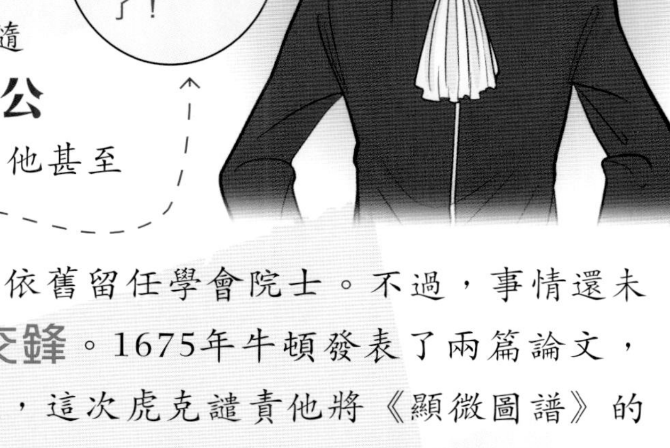

幸而他最終並沒衝動行事，依舊留任學會院士。不過，事情還未結束，數年後牛頓與虎克再次**交鋒**。1675年牛頓發表了兩篇論文，重申光與顏色的本質以及光粒說，這次虎克譴責他將《顯微圖譜》的概念**偷龍轉鳳**，以發展自己的學說。於是，兩人再起爭執，彼此寫信互相惡毒地**諷刺挖苦**。

在其中一封牛頓寄給虎克的信裏，有一句至今常被引用的**名言**：「若我能看得較遠，蓋因我站在你們這些巨人的肩膀上。」這句話源自12世紀的法國學者伯拿*，本來是指人們能夠從偉大先賢的基礎上獲得更大智慧。可是，後世有說牛頓在此表面上**恭維**虎克是巨人，但其實卻**嘲諷**對方是個駝背的矮子。

事件最終不了了之，虎克**偃旗息鼓**，而牛頓則躲在劍橋的實驗室，完全不理會外界的紛擾，專注於**煉金術**，還有進行宇宙行星的研究。只是，二人此後都沒和解，反而一直仇視彼此，至死方休。

不過，他們的恩怨卻也間接促使牛頓寫出一本影響世界的**曠世巨著**。究竟那本書講述甚麼？而牛頓之後又有何際遇呢？請留意下期「力與光的巨人」下集！

*沙特爾的伯拿 (Bernard of Chartres)（？~約1124年），法國新柏拉圖主義哲學家。

2020香港書展

又到書展了！除了《兒童的科學》和《兒童的學習》最新一期，還有一連串新書任君選擇，更有各種豐富禮物和書展會場優惠！萬勿錯過！

日期：7月15日至21日
地點：灣仔香港會議展覽中心

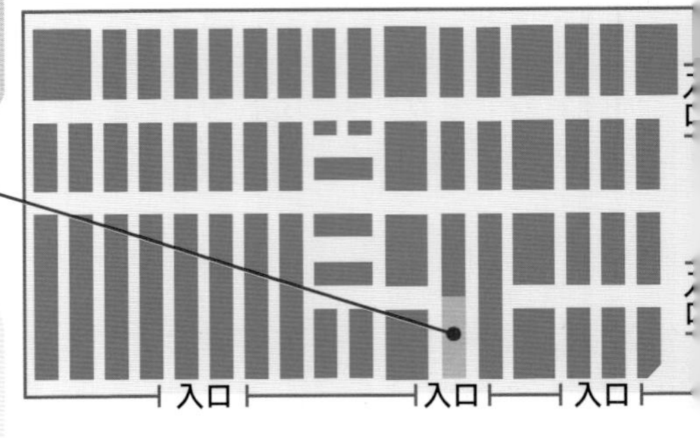

攤位：HALL 3 兒童天地 3D-C02

（另有HALL 1 攤位 1B-E02）

三大即場訂閱優惠！

① 訂閱《兒童的科學》

凡於現場訂閱《兒童的科學》實踐教材版12期，即可獲贈「光學顯微鏡組合」或多款神秘書展限定訂閱禮物！（數量有限，送完即止。）

② 訂閱《兒童的學習》

凡於現場訂閱《兒童的學習》12期，即送「詩詞成語競奪卡」或「大偵探文具套裝」或「神奇魔法沙」。

③ 同時訂閱《兒童的科學》教材版及《兒童的學習》各12期，即獲$100優惠！

《兒童的科學》第184期優先發售

原定於8月1日出版的第184期，將會提早於書展期間發售！

大家也可用優惠價補購《兒童的科學》的舊期數啊！

看森巴漫畫，探究科學，學習英文！

森巴STEM 科學知識系列 1

全新中文作品

精彩冒險漫畫，加上詳盡解說專欄，為你解開各種水的秘密！

森巴FAMILY 4

中英對照，清楚易懂！助你輕鬆學英文！

小說怪盜JOKER 第4集 銀斗篷燃燒之夜

怪盜諾亞奪去Joker的寶物，更透露與白銀之心是舊識，二人究竟有何仇怨？

小說 名偵探柯南 CASE 7 京極真精選 蹴擊事件錄

小蘭的好友園子遇襲，京極真暗中保護她卻受懷疑，柯南如何從蛛絲馬跡中找出真兇？

兒科攤位新書出版！

大偵探福爾摩斯系列

50 金璽的詛咒

富豪中毒身亡，大偵探調查下發現一切源於一枚遠古金璽，究竟真兇是誰？

隨書附送大偵探金屬印章匙扣！

M博士外傳 3

唐泰斯巧計令仇人唐格拉爾與費爾南反目，並伺機在燈塔進行大報復！

初版附送拉頁海報！

常識大百科 2

收錄氣候、物理、飲食等各種各樣的科學小知識，助你提升學習常識科的能力！

交通工具圖鑑

在福爾摩斯的帶領下，一起輕鬆認識香港的巴士、鐵路、船及飛機四種交通工具的發展及轉變，還收錄各種有趣小知識呢！

英文版 13 沉默的母親

福爾摩斯受託尋人，卻發現目標人物與一宗兇殺懸案有關，到底真相是……？

健康探秘

書中剖析了各種疾病的成因和症狀，另收錄精彩的漫畫，還教大家自製口罩和潔手紙，一起對抗病魔！

大偵探
福爾摩斯
SHERLOCK HOLMES
健康探秘
了解病毒 保持健康

漫畫版 9 瀕死的大偵探

倫敦爆發黑死病疑雲，連福爾摩斯也感染絕症！華生為救老搭檔遍尋名醫，卻引來了疫情背後的殺人狂魔？

大偵探
漫畫版
福爾摩斯
瀕死的大偵探

♣♦少女神探♠♥ 愛麗絲與企鵝

第7集 神秘之夜

荷里活明星於日本被吸血鬼獵人追擊，遂尋求企鵝偵探保護，但響琉生卻說他是個危險人物，究竟真相為何？

誰改變了世界？2

4個科學先驅的故事

收錄亞基米德、哥白尼、伽利略及特斯拉四位著名科學家與發明家的生平故事，從中學習如何當上出色的科研人材！

科技應對全球暖化

它們都是為應對全球暖化而研發的！
這裏的展品很新奇啊！

對氣候的影響

除了氣溫上升，極端天氣現象亦更常出現。

旱災

植物的根部吸收水分後，在葉面將水蒸發，這過程稱為蒸騰，有利降雨。

但是溫度變暖會加速泥土中的水分蒸發，令泥土變乾，能生長的植物減少。

因泥土乾涸及缺乏植物，降雨量變得更少，形成惡性循環。

研究指地球氣溫每上升1°C，空氣中的水珠就會平均增加7%。

不過某些地區卻剛剛相反……

科學家推測將來熱帶地區會更多雨，乾燥的亞熱帶地區則更乾旱。

暴雨

當溫度上升，湖泊及海洋有更多水被蒸發成水蒸氣，再遇冷變成水點。

變暖的空氣能容納更多水點，令降雨量增加，引致水浸、山泥傾瀉等。

未來新科技

於是，人們想辦法減少惡劣天氣的影響，以及更有效運用自然資源。

排水地磚

哥本哈根建築公司研發的氣候磚配合分流系統，把雨水疏導到各地，減輕暴雨對排污系統造成的壓力。

空心磚能貯水。

氣候磚收集屋頂及行人道的雨水，用於灌溉植物或流入地下儲水器作其他用途。

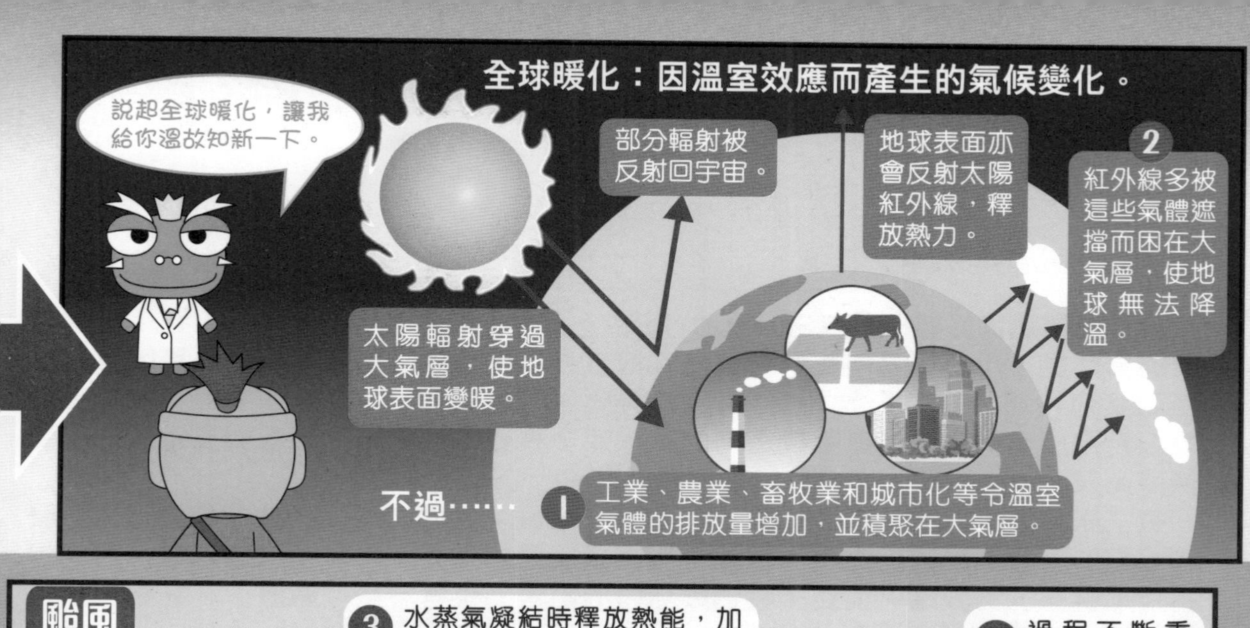

颱風

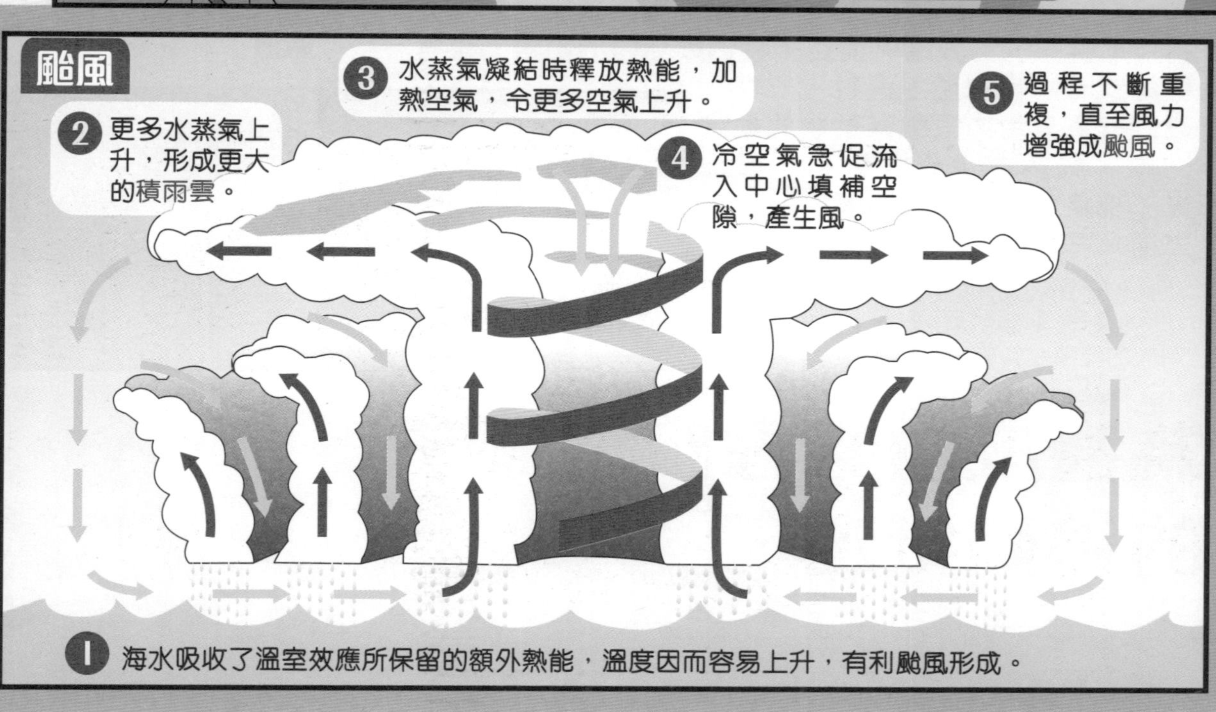

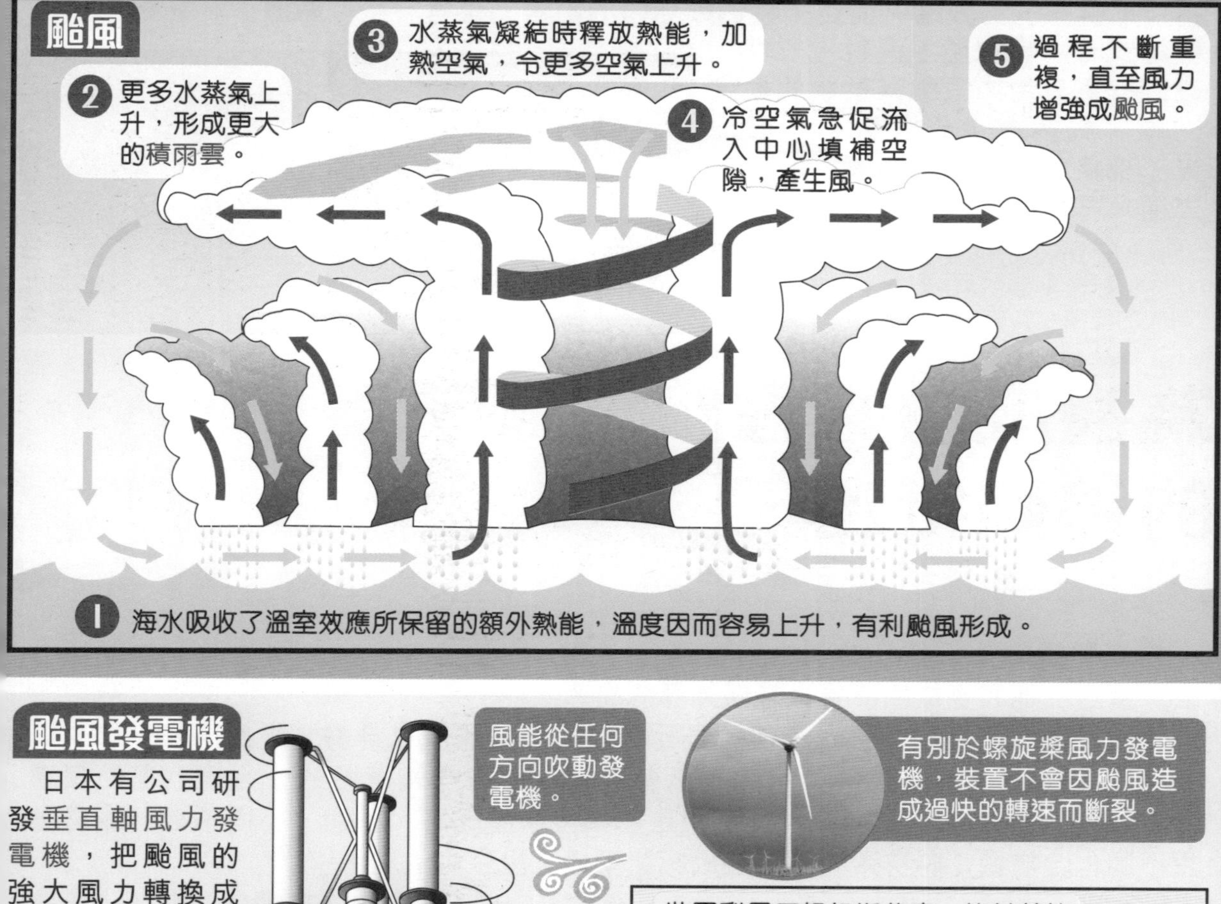

颱風發電機

日本有公司研發垂直軸風力發電機，把颱風的強大風力轉換成能源。

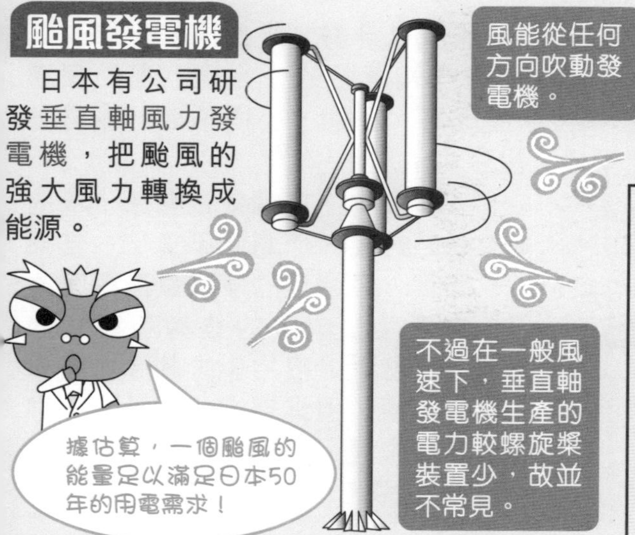

有別於螺旋槳風力發電機，裝置不會因颱風造成過快的轉速而斷裂。

裝置利用馬格努斯效應，使其葉片能抵擋強風吹襲。

空氣流經旋轉的葉片時，其路徑會彎曲，使葉片產生升力並抵消重力，能繼續在空中旋轉。

天上的星星其實是甚麼？真的有5隻角嗎？

劉柏希　聖公會柴灣聖米迦勒小學　三年級

恆星由高溫的等離子漿（Plasma）組成，不論是正值盛年的主序星、還是垂垂老矣的白矮星，所有恆星的重力都會使它的自身物質聚集成球狀。即使恆星因自轉或受到其他星體的重力影響而變成橢圓球形，無論如何都不會長出「角」來的。那麼，為甚麼我們會把星星畫成有角的星形呢？這畫法大概是人們看到星星放射出的條條光線而將其形象化，成為起角的星形吧。

這些光線其實是由光波的繞射現象（Diffraction）所形成。當光波行進時遇上障礙物，方向就會因繞射而彎曲。例如一般相機鏡頭的光圈，也會使光波繞射，形成俗稱「耶穌光」的效果。而且，我們眼球內的晶體上也有一些「縫線」，光線穿過這些縫線時，也會產生繞射。所以，我們就算只用肉眼觀察點狀的星星光源，或多或少也會看到「耶穌光」現象。若光源較黯淡，繞射的光線太弱，我們才看不到。

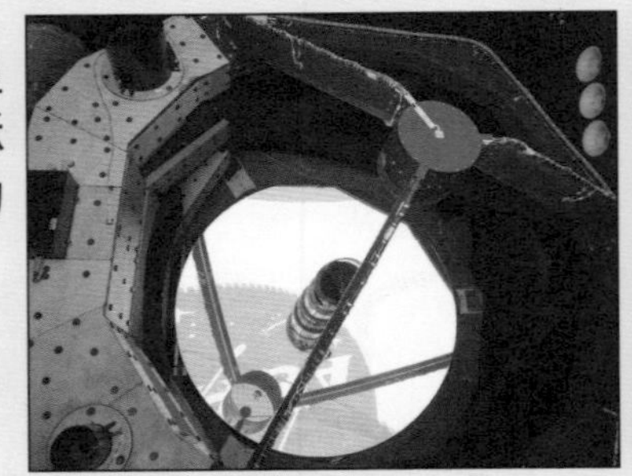

▶例如NASA的SOFIA反射式望遠鏡，光線受反射鏡的3條支撐架影響，拍攝到的星星就會有6隻「角」。

為甚麼白蟻會跟着原子筆的線條行走，而螞蟻不會？

鄭睿學、鄭曦喬　聖公會聖雅各小學　三年級、五年級

白蟻和螞蟻都是具社會群性的昆蟲，必須一大群分工合作一同生活，才能活下去，生活上牠們更依靠嗅覺去感知外界的訊息。

同一群的蟻類互相溝通，一般都是「施發者」把訊號以身體分泌出來的化學小分子留在路線上，作為路標指示「受訊者」跟蹤。這些蟻溝通的「信物」是外源激素，我把它譯作「聯群素」，其功能是通知後來者認路。不過，不同種類的蟻群會用不同化合物做「聯群素」，以避過訊號干擾，免生錯失！

你說：「白蟻會跟着原子筆的線條行走，而螞蟻不會。」若果屬實，最合理的解釋是原子筆墨水裏某些成分的結構和白蟻的「聯群素」很相似，才令白蟻亦步亦趨，但螞蟻卻無動於衷。你若要求證，可用其他品牌的原子筆去試試！

大偵探福爾摩斯

人緣惹的禍

「華生，去吃——」福爾摩斯話未說完，只見客廳空無一人，「噢，又忘了那傢伙最近常常不在家，變了大忙人。」

正在這時，門外樓梯響起一陣急促的腳步聲，大偵探口中的「大忙人」就提着出診包回來了。

「你回來得正是時候，我們一起去吃——」

「不行啊，我回來拿點東西後就要趕去為下一個家庭診症，不能陪你吃飯了。」華生打斷道。

「唉，又不是流感季節，竟忙成這樣子！」福爾摩斯有點不滿。

「因為這陣子區內有很多人患上傷寒。」

「傷寒？」福爾摩斯挑起眉毛，「在這附近不算常見呢。」

「沒錯，一直以來只有零星病例。」華生收拾好東西，又再準備出門，「好了，今晚回來再談！」

「可以的話就早些回來，我們去吃蠔！」大偵探向着華生遠去的身影喊道。

夜深，華生拖着疲憊的身軀回來。

「又多了數個傷寒患者，太可怕了。」華生擔憂地說。

「知道感染源頭嗎？」在看報的福爾摩斯抬起頭來。

「還未……」

「說來聽聽吧，讓我幫忙一起分析。」福爾摩斯說，「找到源頭，令染病人數下降，你就不用這麼忙了！」

「你哪有這麼好心，想必是要我請你吃……」華生搜索着腦海的記憶，突然**靈光一閃**，「對了，是蠔！」

「今早我確是說吃蠔，怎麼這麼大反應啊？」

「不！」華生高聲尖叫，「我說感染源頭可能是蠔！」

「蠔？」

「對！人們最常感染傷寒的途徑就是吃了**受污染**及**未經消毒**的食物。」華生嚥了一口口水，「而我診治的傷寒患者，他們都到過萊爾菜館，而且只有吃過蠔的人才病了！」

「萊爾菜館？」福爾摩斯大吃一驚，「這是**史密斯牧師**向我推介的店……」

「史密斯牧師？是那個和藹可親、受人愛戴的牧師嗎？」這次輪到華生詫異，「難怪他也染上傷寒了！」

「他跟我說萊爾菜館是飲食界的滄海遺珠，因為店鋪開在巷尾，光顧的人一直很少，所以他品嘗過後就馬上向朋友推介，還說一定要吃那兒的蠔呢。」

「莫非人們都是因為史密斯牧師才去光顧萊爾菜館的？」

「有可能，牧師的人脈很廣，能動員很多人。」福爾摩斯思索着，「說起這個，你知道80/20法則*嗎？」

*又稱帕雷托法則，由意大利經濟學家維弗里多・帕雷托（Vilfredo Pareto）發現。

當然知道，即是有8成的傳染病感染個案，都是由2成人傳播的。

這代表當中有「超級傳播者」，他們比一般感染者更易把病傳播給更多人。不過，那未必是因為他們體內有更多病毒，而是他們較常出席聚會或出入擁擠的社交場所。

由不同患者引發的流行病傳染鏈

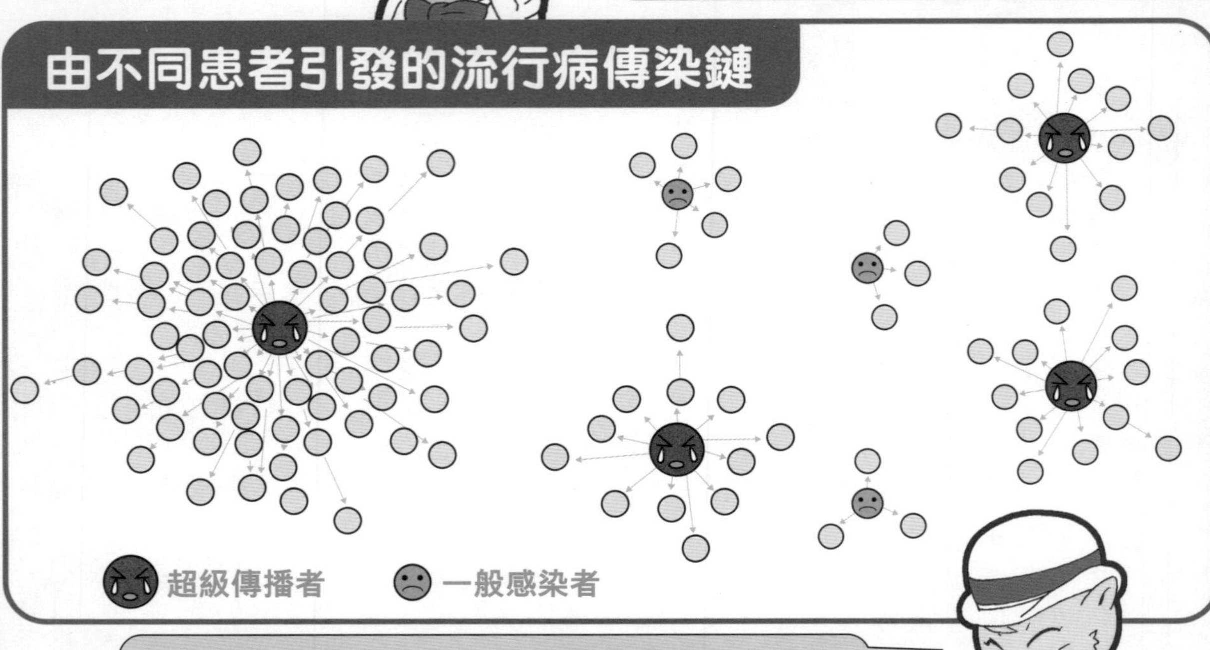

這也是為甚麼傳染病爆發時，染病人數會急劇上升。

傳染病曲線

新增染病個案數目

0
50
100
150
200
250

時間

0 10 20 30 40 50 60 70 80 90 100

出現超級傳播者，迅速把病傳播給大量人，曲線高而窄。

當人們預防疾病、感染者被隔離、死亡或康復時，染病人數就會下降。

沒有超級傳播者，以人傳人的方式傳播疫病，曲線矮而平。

沒錯，那麼你知道這法則也適用於信息和潮流趨勢的傳播嗎？

是嗎？

一個信息能否快速傳遞，以及一個潮流能否掀起，其實也和關鍵的2成人有關。

這些人通常易親近、受歡迎或在社會富有影響力，能利用自身人脈迅速把喜歡的商品或重要信息推廣開去，傳教和講道的牧師就是個好例子。

「這樣吧，我們**兵分兩路**。」福爾摩斯提議，「明天我去問問史密斯牧師曾推薦哪些人吃蠔，你就列出**染病者**的名單，只要做對比，就能一清二楚了。」

「好，就這樣做！」

次日黃昏，福爾摩斯回到家中。

「我問過牧師，他當晚跟幾個朋友在菜館吃飯，大家一致讚好，更說要推介別人來吃。當中有**銀行家**或**上市公司老闆**，都是**交遊廣闊**和**具影響力**的人。」他把一張寫滿人名的紙遞給華生，「我拜託了牧師，將他們曾推薦過的人名寫在上面，你可以和染病者名單對照一下。」

「果然……」華生拿起紙細看，「70個患者中，有53人跟牧師或其朋友有關聯，接近**8成**！」

「另外，我查到一件事。」福爾摩斯煞有介事地說，「原來菜館不久前購買的一批新蠔，竟來自受到**污染**的水域。於是我馬上通知了蘇格蘭場，要菜館停用那批蠔，相信這就能切斷感染源頭。」

「那就太好了，終於查個水落石出。」

「那麼，你還想吃蠔嗎？」

「不用了。」華生苦着臉道，「暫時別跟我提起蠔了。」

「哈哈哈！那麼我們去街角那家新開的餐廳。」大偵探出其不意地說，「**你請客！**」

「**做夢！**」華生一口拒絕。

香港新冠肺炎的80/20法則

香港大學醫學院研究團隊曾發表報告，指出截至2020年4月28日，8成的本地個案源自2成患者，估算有5-7宗「超級傳播」事件，包括酒吧及佛堂群組，但因最初傳播者不明，故只能把酒吧及佛堂稱為引發多宗感染的「超級傳播環境」。

傷寒

傷寒桿菌常隨患者的排泄物排出體外後，污染食物及水源，當人們吃了那些食物就會染病，出現發燒、腹瀉等病徵。保持個人及食物衞生是有效的預防方法。

兒科的生日剛過去，收到很多祝賀及禮物，謝謝大家！

程思琦

給編輯部的話 我雖然只買了2年的兒童的科學，但我非常喜歡書的內容，我希望刊登有關福爾摩斯的教材，我非常喜歡172期的……

周逸希

給編輯部的話 恭喜兒科15周年生日 抗疫加油！

胡智迪

給編輯部的話 (希望刊登) 我祝「兒科」生日快樂!!

(畫有兒科)

石安

給編輯部的話 第3次希望刊登 封面上的 太明顯了吧我一眼就看得出來

哈哈，這也要靠你細心觀察才能發現呢。

劉璟謙

給編輯部的話 你們出的那個鋼迷宮實在太有趣了，我和我的朋友都自創了一種玩法，就是計時誰較快把鋼珠運送到中間，輸了那個就要接受懲罰。

結果誰接受較多懲罰？是你還是你的朋友呢？

劉致靈

給編輯部的話 我可以在製作石膏時加入175期的寶石嗎？

我們嘗試過這樣做，但由於製成的石膏很堅硬，很難再把寶石挖出來……

郭家賢

給編輯部的話 今期的教材「摩天輪彈珠迷宮」很好玩，有一次我設計了一個非常難的迷宮給我妹妹玩，她怎樣弄都過不了關 (希望刊登)

嘿嘿，如果你把迷宮傳給我們看看，我跟萊萊鳥一定能輕易過關。

其他意見

下次可以出愛麗絲外傳嗎？	陳凱婷
180、181期的地球揭秘非常好看！	成子興
今期的「同心抗疫飛行棋」很好玩啊，希望下次可以製作「同心抗疫大富翁」。	姚浩軒

IQ挑戰站答案

LV1 答案左邊第一個位是「被加數」除「加數」，第二個位開始是「被加數」乘「加數」。例如「4+2=28」，是「4/2=2」及「4X2=8」，等於「28」。所以正確答案是「12+3=436」

LV2 A 如果一個數字所有位的總和是9的倍數，這數字必能被9整除。因為「1+4+6+7=18」，18能被9整除，所以這四張卡砌出任何一個四位數都能被9整除。
B 把「6」這張卡反轉成「9」，「1+4+9+7=21」，21不再是9的倍數，因此砌出任何一個四位數都不能被9整除。

LV3 $8^2=64$

救世生蠔？

生蠔（牡蠣）總是吸引人們大快朵頤。不過大家有沒有想到，牠們除了是種美食，更可改善環境污染，甚至保護人類，擔當救世英雄？

紐約的牡蠣防波堤

2012 年經歷颶風桑迪的沉重打擊，美國開始檢討防災對策，其中一項就是在紐約沿岸建造一條全長約 975 米的蠔礁。建成後不但起着防波堤的作用，更可大幅改善水質，目標是在 2035 年讓紐約海灣變回 100 年前的「牡蠣天堂」。

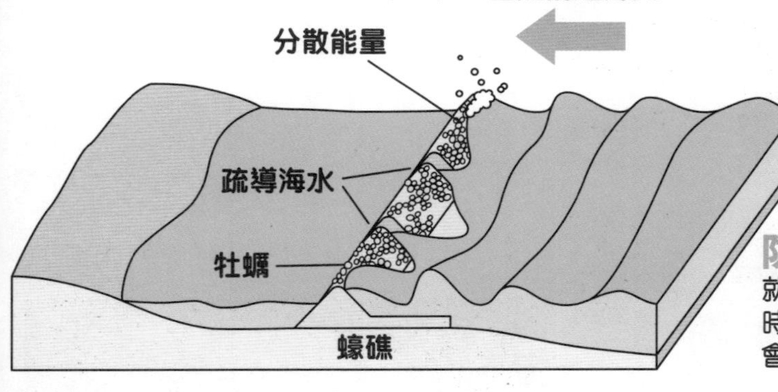

牡蠣——天然濾水器

牡蠣以過濾方式進食海水中的微生物，換言之就是吃掉雜質，把海水過濾乾淨。一隻牡蠣每天可過濾多達 200 公升的海水呢。

很多地方如澳洲、日本、美國甚至香港都有利用牡蠣清潔海水的措施，只是，這些牡蠣因不停吸收有害雜質，所以不能食用。

防波堤是甚麼？

就是在海岸外面建起一道牆，當巨浪湧過來時會先撞上防波堤，其能量被疏導，浪頭就會大為減弱，於是減輕對海岸衝擊的破壞。

如何「種」牡蠣？

牡蠣的幼體本身沒有殼，要經過一段浮游期，黏附到其他東西上，然後才形成硬殼。浮游期的幼體存活率很低，於是科學家直接把幼體依附在餐廳收集的牡蠣殼上，再放進海中繁殖。

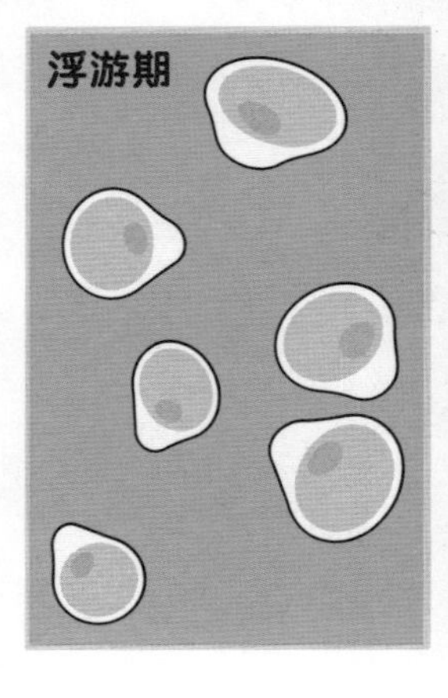

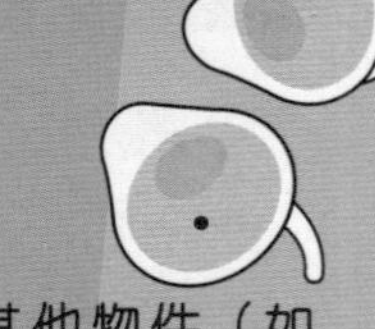

原來紐約曾是著名產蠔區，但發展工業後因海水污染而式微。這次若能改善海灣水質，就可重新繁殖食用生蠔了。

除了美國之外，包括香港在內的很多地區，也着手研究環保「種牡蠣」。牡蠣不但是個超強力海水淨化機，還可以成為我們的盾牌阻擋海嘯巨浪侵襲，是個不折不扣的海洋保衛者！

土星與瑰麗多姿的光環共舞

梁淦章工程師
香港天文學會

太空歷奇

離開木星及其衛星後，我們來到土星了！

美國卡西尼號太空船曾在2004年至2017年探索土星，我們可隨其航線繼續探險。

*有關卡西尼號的探索任務，請參閱第151至156期「天文教室」。

六角形漩渦雲彩

每邊長度達13,800公里，比地球直徑更大。

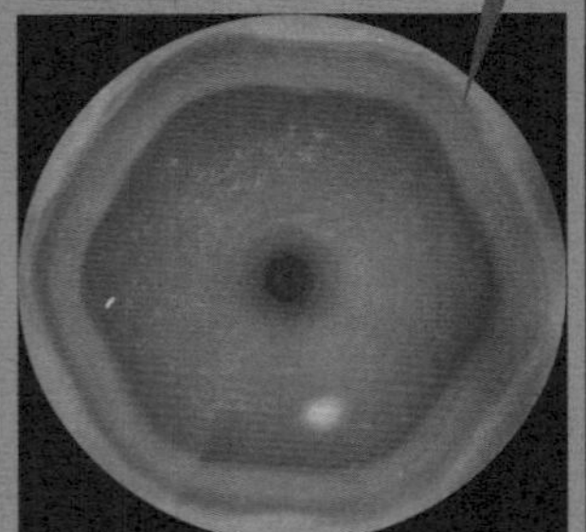

這大片雲彩位於北極，自1981年被航行者太空船發現後一直存在至今。南極也有漩渦雲彩，但不是六邊形。

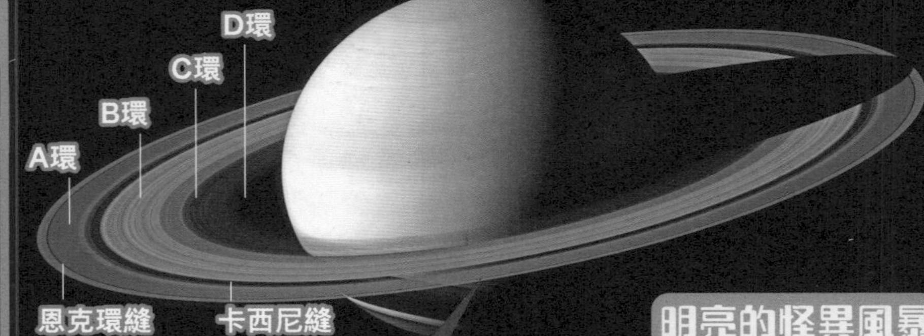

◀光環由冰粒組成，厚度只有10米。最明亮易見的是A、B、C、D四個光環，環與環之間有縫隙。

明亮的怪異風暴

土星大氣層的條紋風暴比木星的暗淡，但風速卻可達每小時1,800公里，比木星強。偶爾會產生下圖的亮麗風暴，能迅速蔓延至環繞土星一圈。

背光下呈現的暗弱光環

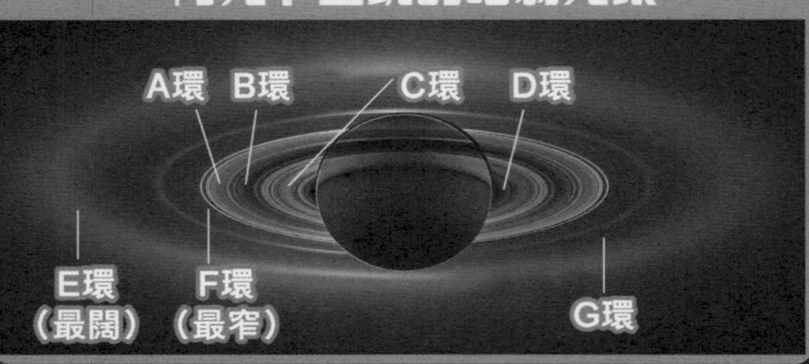

（卡西尼號拍下的照片。Credit: NASA）

穿環軌道

太陽方向

土星及光環掩日區

除了A、B、C、D四個主環，土星還有3個暗弱的環，它們只在掩日區背着太陽光下被散射時才能看見。

在掩日區看土星及光環（見左圖）就像地球上看日全食，剎那間太陽被視線上較近的天體遮掩，失去光芒。

土星的太陽系之最

最明亮和最複雜的光環及衛星系統

最多衛星
2019年天文學家利用地面望遠鏡觀測數據時，發現了20個新衛星，總數達82顆，超越木星的79顆。

最低平均密度
比水還低，理論上能浮在水面！

其他特徵

- 直徑是地球的9.5倍。
- 太陽系第二大行星。
- 自轉一周（一天）需時10小時42分鐘。
- 為氣態行星，沒有固態表面。

卡西尼號的重大新發現

磁軸幾乎與自轉軸一致（地球的磁軸與自轉軸偏差11°）。

發現有磁場存在（科學家原先認為土星沒有磁場）。

新發現的高能粒子輻射帶貼近土星表面，並延伸至最內層的光環。

光環中，藏於微水點的有機物質如雨般墜落大氣層。

光環雨（即帶電的塵粒）以每秒達10,000公斤的質量，沿磁力線螺旋下墜到土星表面。

大氣頂層與D環之間有電流連接。

Credit: NASA

現在我們跟隨卡西尼號的航線，穿過光環近距離在雲頂上飛過。

小心！不要像卡西尼號般飛得太低，最後與土星大氣層摩擦產生高溫而焚毀。

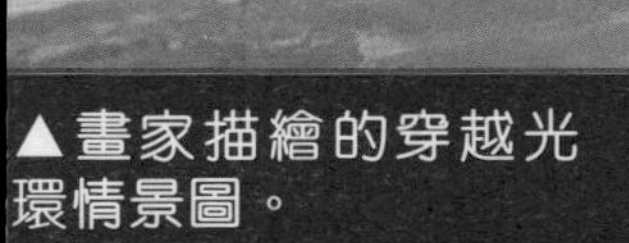
▲畫家描繪的穿越光環情景圖。

WWF自然學堂《兒科》讀者優惠！

WWF自然學堂將於今個暑假正式開學！三個課程分別去米埔濕地、海下灣或者元洲仔親身探索體驗！《兒童的科學》讀者更可享優惠，還不快點報名？

米埔巡護員

▲監察野生動物，管理濕地生境。

智惜食童盟

▲體驗有機耕種，學習飲食減碳秘訣。

海洋潛行者

▲探索海洋環境，調查水中生態。

查詢：2526 1011（選擇語言後按8）
電郵：NatureSchool@wwf.org.hk

自然學堂詳情

1. 在報名頁面選擇「非會員」活動，再按「預約」
2. 輸入優惠券代碼：「C2N-CS」，系統會顯示「Applied to final balance」
3. 確認付款。

由於2人同行已有折扣優惠，因此上述優惠只適用於1人報名。

所有相片由WWF-Hong Kong提供

科學Q&A
第一百一十一話
玩具轉轉轉
漫畫◎李少棠　上色協力◎周嘉詠　劇本◎《兒童的科學》創作組
上吧！
嚓！
嚓！
看我的！
我的發射力度這麼強，贏定了！
贏了！
咦？
咔！
發射陀螺除了力度，還有很多其他因素啊。

發射陀螺
很講究角度
和技巧的！
那麼發射角度
是如何影響
陀螺的？
這個……
先讓你們
感受一下陀螺
是怎樣運作吧。
啊，要我們
縮小進去嗎？
咦？這麼快就
進入了陀螺？
你們要緊貼
外側啊。
好像玩機動
遊戲一樣！
為甚麼？
看着吧！

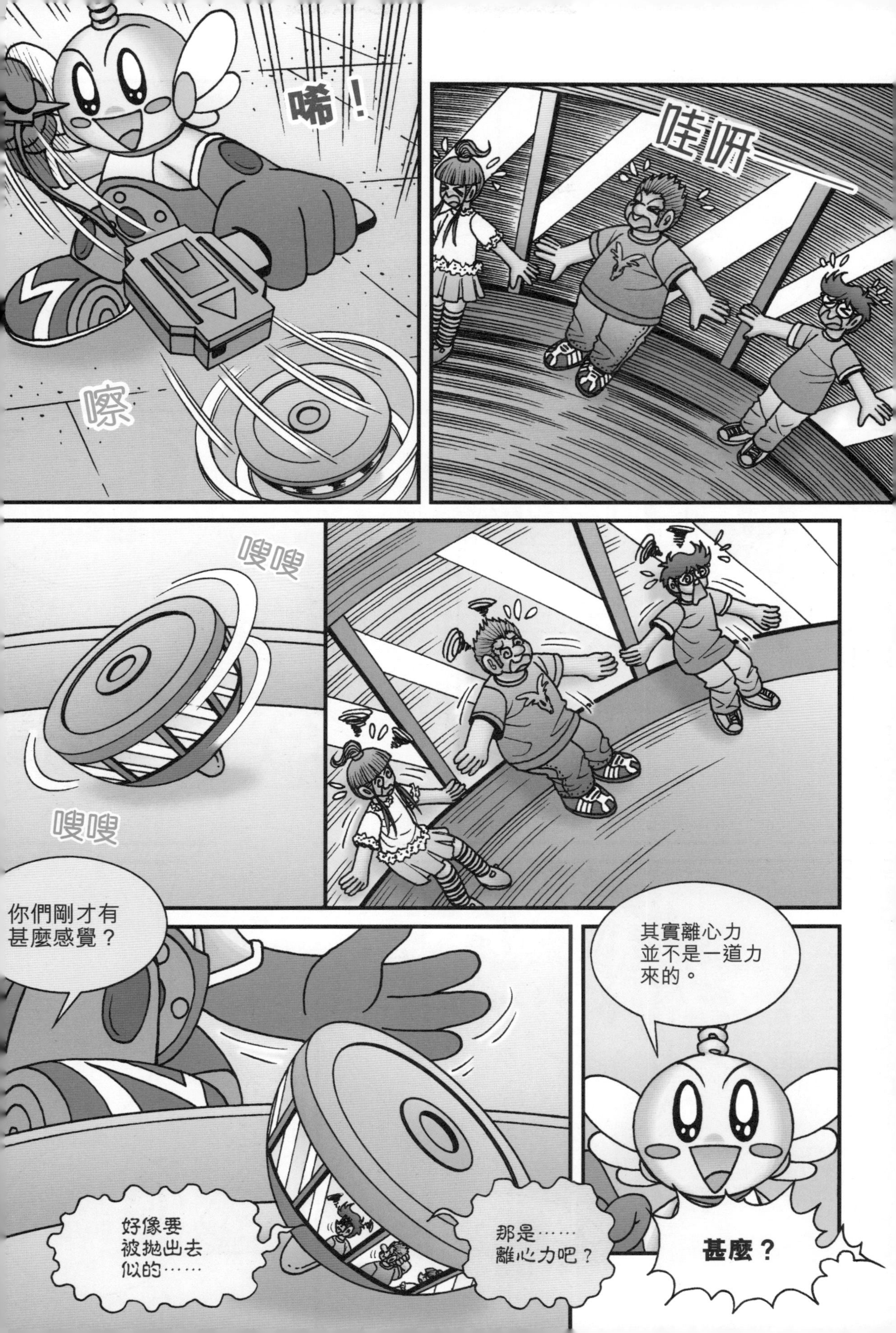
唏！
嚓
哇呀
嗖嗖
嗖嗖
你們剛才有甚麼感覺？
好像要被拋出去似的……
那是……離心力吧？
其實離心力並不是一道力來的。
甚麼？

一件正在移動的東西，
在沒有添加任何外力之下，
會以不變的速度移動，
這就是慣性。

我們坐車時一直向前移動，
所以會有向前的慣性。
如果在車上拋起一枚硬幣，
它會準確地掉回手中，
因為硬幣也有這個慣性。

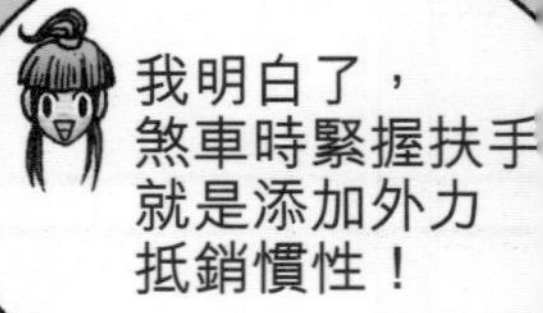

煞車時我們
會向前衝，正是
因為慣性仍在，
車停了身體卻
繼續前進所致。

煞車時緊握扶手
就是添加外力

離心力

物理中的「力」
都是直線進行的，
所以車上的人
每一刻都是向前進，
得到向前的慣性。
一旦受阻，人就會
感覺到被慣性往外拉，
這就是離心力。

就像巴士轉彎時，
我們仍依慣性前進，
於是感覺被往外拋了。

離心力來自慣性，
並非外力，所以一般
視為虛擬力，或稱為
慣性力。

你說力都是
直線進行，
那陀螺又
怎麼旋轉？

產生轉動的，

或稱為力矩。

力臂
力點
支點
重點
你們該
還記得槓桿
原理吧？

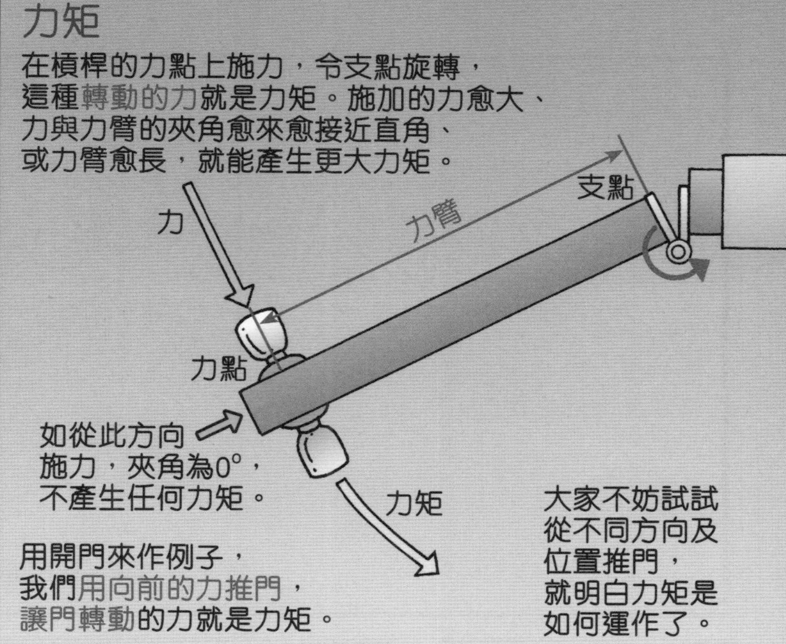

力矩
在槓桿的力點上施力，令支點旋轉，
這種轉動的力就是力矩。施加的力愈大、
力與力臂的夾角愈來愈接近直角、
或力臂愈長，就能產生更大力矩。
力
力臂
支點
力點
如從此方向
施力，夾角為0°，
不產生任何力矩。
力矩
用開門來作例子，
我們用向前的力推門，
讓門轉動的力就是力矩。
大家不妨試試
從不同方向及
位置推門，
就明白力矩是
如何運作了。

*請參考第181期《科學Q&A》。

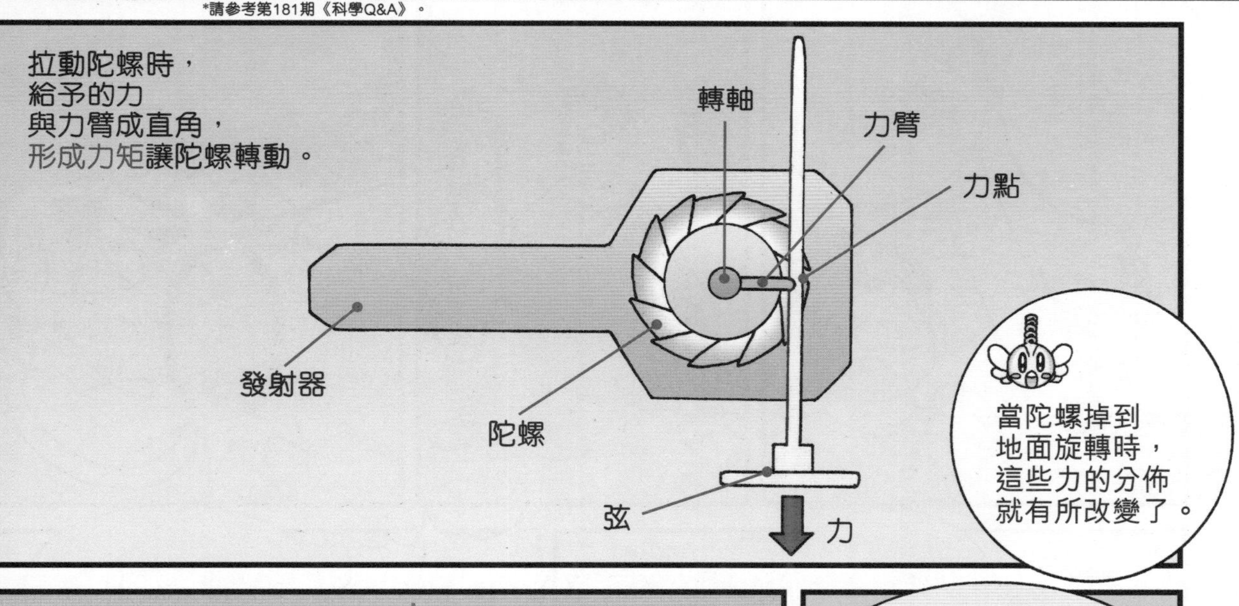

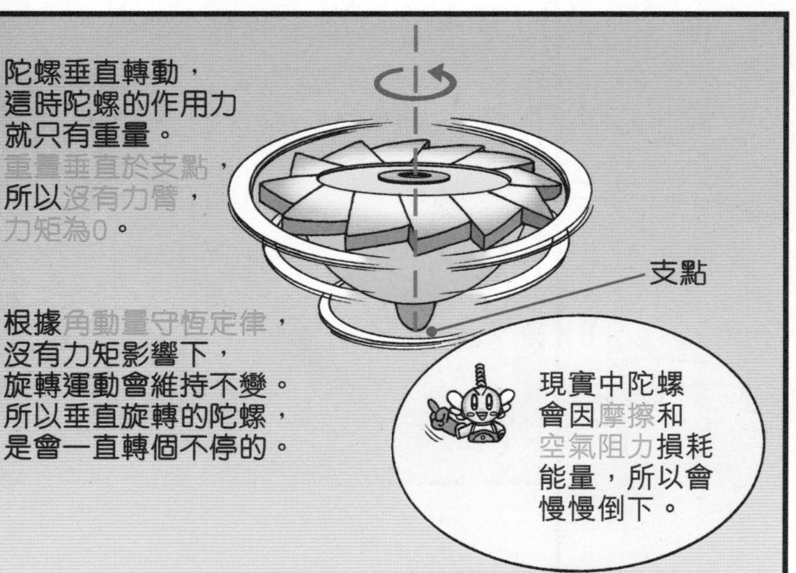

拉動陀螺時，

形成力矩讓陀螺轉動。

當陀螺掉到
地面旋轉時，
這些力的分佈
就有所改變了。

陀螺垂直轉動，
這時陀螺的作用力
就只有重量。
重量垂直於支點，
所以沒有力臂，
力矩為0。
支點
根據角動量守恆定律，
沒有力矩影響下，
旋轉運動會維持不變。
所以垂直旋轉的陀螺，
是會一直轉個不停的。
現實中陀螺
會因摩擦和
空氣阻力損耗
能量，所以會
慢慢倒下。

陀螺大師教我傾斜
發射能加強攻擊力，
他騙了我嗎？
聽我
説吧。

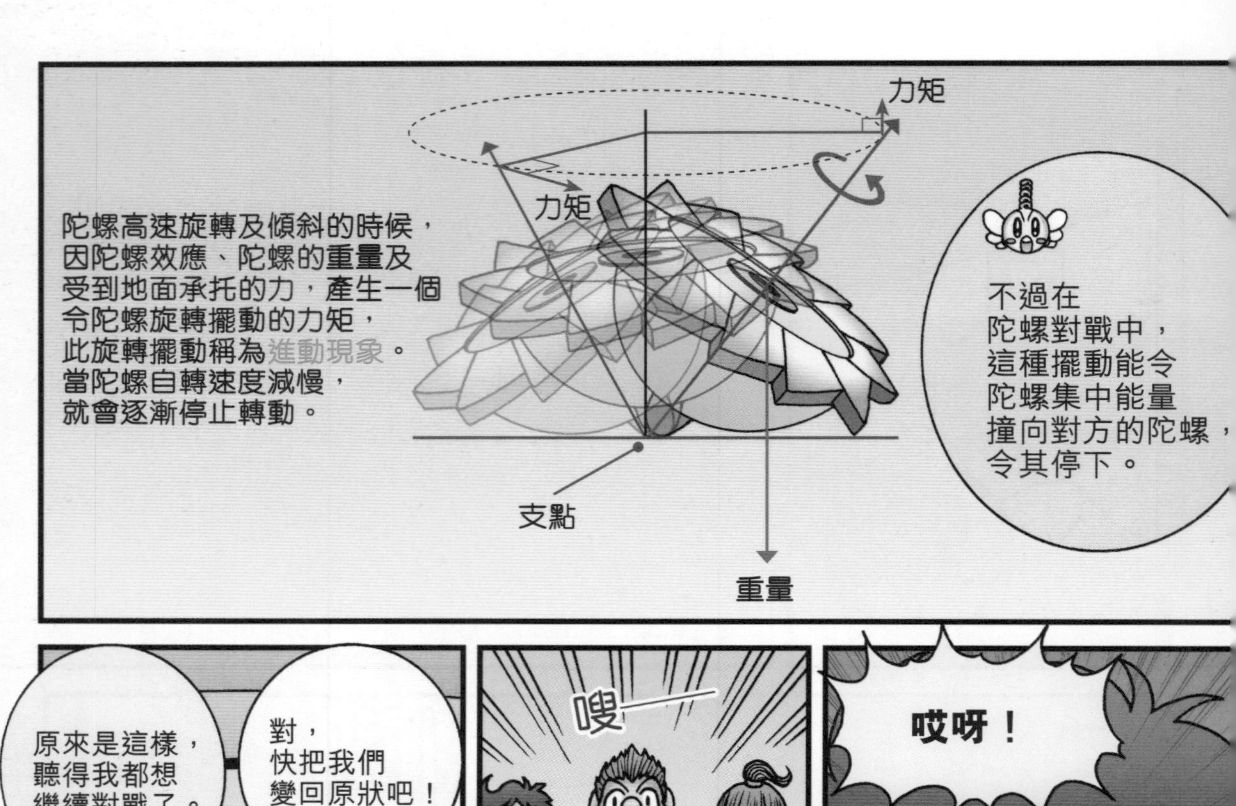
力矩
力矩
陀螺高速旋轉及傾斜的時候，
因陀螺效應、陀螺的重量及
受到地面承托的力，產生一個
令陀螺旋轉擺動的力矩，
此旋轉擺動稱為進動現象。
當陀螺自轉速度減慢，
就會逐漸停止轉動。
支點
重量
不過在
陀螺對戰中，
這種擺動能令
陀螺集中能量
撞向對方的陀螺，
令其停下。

原來是這樣，
聽得我都想
繼續對戰了。
對，
快把我們
變回原狀吧！
嗖——
哎呀！
砰！
咦，
是小松？
嗚……
你太不
小心了！
我怎知你們
突然出現啊！

這個新買的搖搖又做不了花式，今天真倒霉。
嚓
看這個搖搖的軸心，當然不能做花式了。
這個搖搖是固定軸，繩圈緊綁着軸心，所以搖搖轉動時繩圈會一起轉。
下降
力臂
張力
轉軸
重點
上升
搖搖落下時，拉動繩子的張力與力臂成直角，因而產生力矩，令搖搖不斷轉動。
到了最低點，繩子張力與力臂成一直線，力矩變成0，但轉動中的物體在沒有外力的情況下，因慣性而會保持原速轉動，搖搖會繼續以相同速度旋轉。
由於繩子綁緊軸心，因此搖搖能夠沿着繩子重新爬升。
只要這樣做……
你想幹甚麼？
就可以了！

好厲害！
你怎會做得到？
嗖——

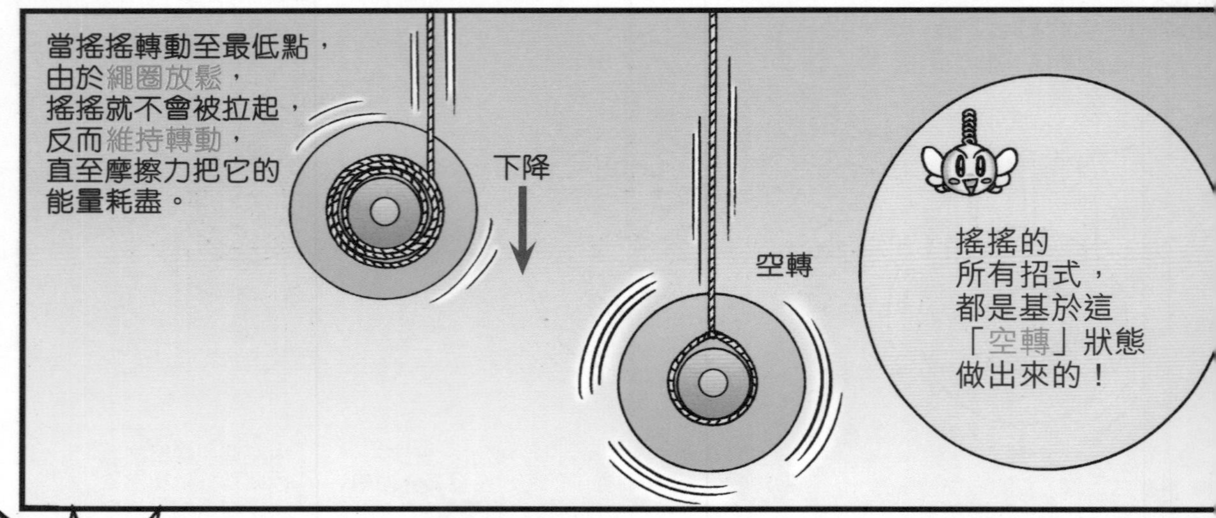
當搖搖轉動至最低點，
由於繩圈放鬆，
搖搖就不會被拉起，
反而維持轉動，
直至摩擦力把它的
能量耗盡。
下降
空轉
搖搖的
所有招式，
都是基於這
「空轉」狀態
做出來的！

那麼我也
做得到！
啪
嗖——

嗚……
怎麼又失敗了？

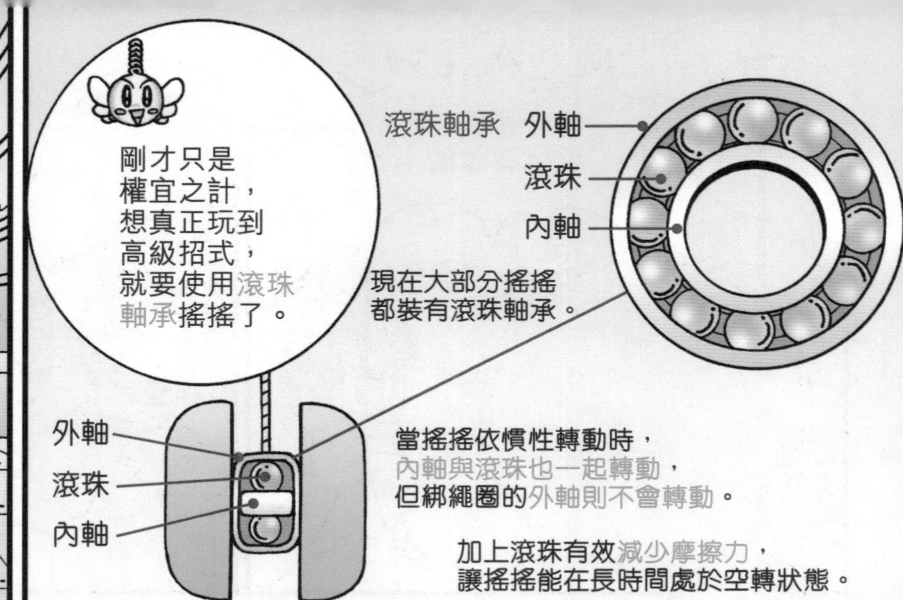

剛才只是
權宜之計，
想真正玩到
高級招式，
就要使用滾珠
軸承搖搖了。
滾珠軸承
外軸
滾珠
內軸
現在大部分搖搖
都裝有滾珠軸承。
外軸
滾珠
內軸
當搖搖依慣性轉動時，
內軸與滾珠也一起轉動，
但綁繩圈的外軸則不會轉動。
加上滾珠有效減少摩擦力，
讓搖搖能在長時間處於空轉狀態。

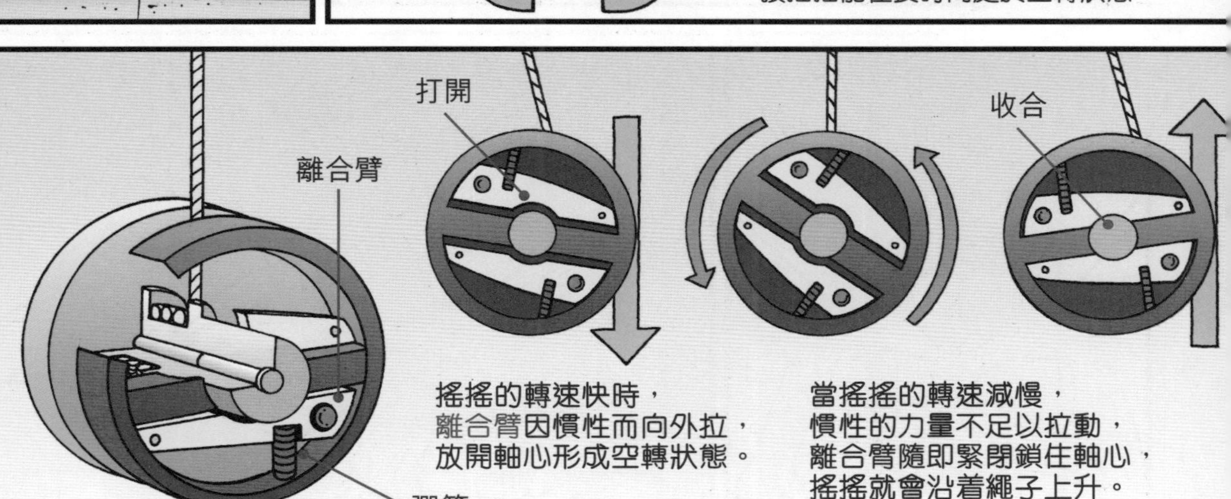

離合臂
打開
收合
彈簧
搖搖的轉速快時，
離合臂因慣性而向外拉，
放開軸心形成空轉狀態。
當搖搖的轉速減慢，
慣性的力量不足以拉動，
離合臂隨即緊閉鎖住軸心，
搖搖就會沿着繩子上升。

市面上有些初級搖搖，
軸心更加入了離合器，
正是採用前述的離心力設計。

這設計讓初學者
自動回收搖搖，但不利於
做出高級花式呢。

還有其他有趣

這個
可以嗎？
是呼拉圈！
我很喜歡的！
呼拉圈
好玩嗎？
我想
試試呢。
應該很
簡單吧？
咦？
嗖
嗟
呼拉圈
一點也不簡單，
其力學模型更是
很複雜啊！
很複雜？
如果簡單一點來說，
則可歸納為一種
向心力。

巴士轉彎時，
有一道向着圓心
的力拉住我們，
令我們不會因
慣性向前直飛，
而是繞圈移動。

這種向着圓心的力，
就稱為向心力。

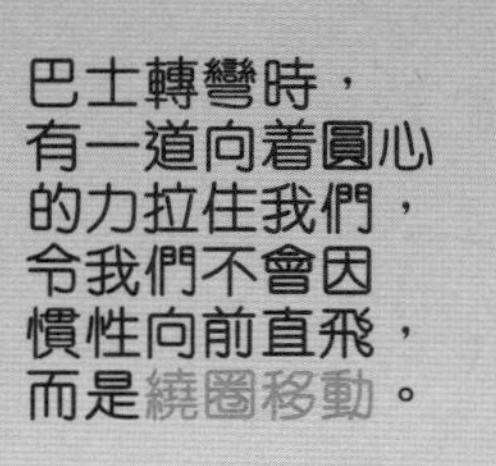

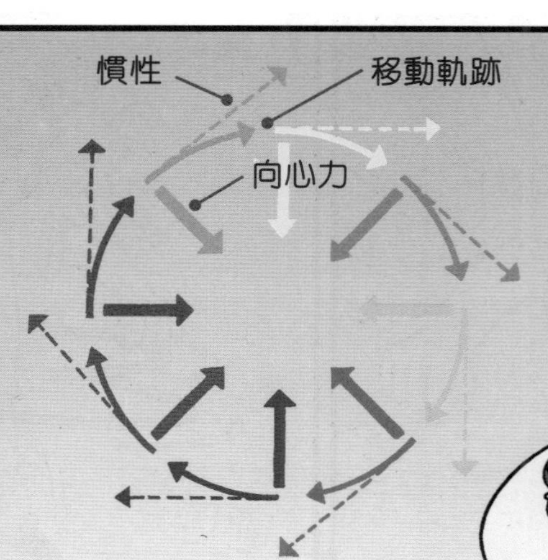
慣性
移動軌跡
向心力

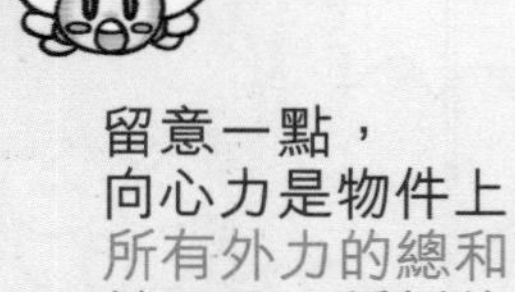
留意一點，
向心力是物件上
所有外力的總和，
並不是一種新的
外力啊。

甚麼意思？

假設爸爸給你$60零用錢、媽媽給你$50，
你買東西又用了$10，那你現在就有$100。

$100

我們把零用錢和支出
比喻為摩擦力、阻力
和重量等不同的力，
$100就是向心力了。

這樣比喻
又好像有點
明白……

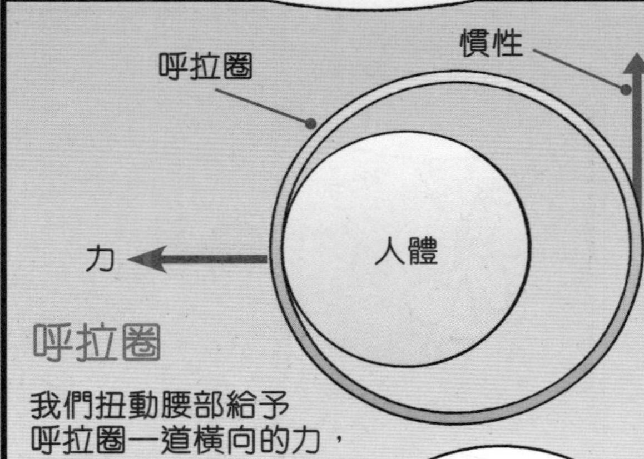
慣性
呼拉圈
力
人體

呼拉圈

我們扭動腰部給予
呼拉圈一道橫向的力，
跟呼拉圈的慣性成直角，
形成向心力讓呼拉圈
保持轉動。

實際上這股
向心力包括
腰部擺動、
重量、摩擦力等
多個不同方向的力
加起來而成。

呼呼
即是說，
向心力要
控制得好
才行。

好，我也要
多試一次！

嘿！
呼——
成功了！
呼呼——
越看越有趣呢，
不如我們比賽吧！
剛才太失敗，
我要好好
表現一下！
比就比吧，
我先來！
嗚~~動不了！
看來你需要
先減肥呢！
~完~

兒童的科學 NO.183

請貼上
HK$2.0郵票
只供香港
讀者使用

香港柴灣祥利街9號
祥利工業大廈2樓A室
兒童的科學編輯部收

有科學疑問或有意見、
想參加開心禮物屋，
請填妥問卷，寄給我們！

▼請沿虛線向內摺

請在空格內「✔」出你的選擇。

我購買的版本為：01☐實踐教材版 02☐普通版

給編輯部的話

我的科學疑難/我的天文問題：

開心禮物屋： 我選擇的禮物編號

有關今期內容

Q1：今期主題：「磁力大探究」

03☐非常喜歡 04☐喜歡 05☐一般 06☐不喜歡 07☐非常不喜歡

Q2：今期教材：「磁力迴轉輪」

08☐非常喜歡 09☐喜歡 10☐一般 11☐不喜歡 12☐非常不喜歡

Q3：你覺得今期「磁力迴轉輪」的玩法容易嗎？

13☐很容易 14☐容易 15☐一般 16☐困難

17☐很困難（困難之處：________________） 18☐沒有教材

Q4：你有做今期的勞作和實驗嗎？

19☐牛頓擺 20☐實驗1：保鮮紙可隔味嗎？

21☐實驗2：朱古力VS香口膠

請沿實線剪下

問 卷

請以膠水封口

請以膠水封口

讀者檔案

姓名：	男 女	年齡：	班級：
就讀學校：			
居住地址：			
	聯絡電話：		

讀者意見

A 科學實踐專輯：飛舞的陀螺
B 海豚哥哥自然教室：最常見的歐亞樹麻雀
C 科學DIY：頓牛的牛頓擺
D 科學實驗室：古怪食物化學
E IQ挑戰站
F 大偵探福爾摩斯科學鬥智短篇：金璽的詛咒（3）
G 今期特稿：香港書展2020
H 開心禮物屋
I 誰改變了世界：力與光的巨人（上）——牛頓
J 地球揭秘：科技應對全球暖化
K 曹博士信箱：天上的星星其實是甚麼？真的有5隻角嗎？
L 數學研究室：人緣惹的禍
M 讀者天地
N 科技新知：救世生蠔
O 天文教室：土星——與瑰麗多姿的光環共舞
P 活動資訊站
Q 科學Q&A：玩具轉轉轉

＊請以英文代號回答**Q5**至**Q7**

Q5. 你最喜愛的專欄：
第 1 位 22 ________ 第 2 位 23 ________ 第 3 位 24 ________

Q6. 你最不感興趣的專欄： 25 ________ 原因：26 ________

Q7. 你最看不明白的專欄： 27 ________ 不明白之處：28 ________

Q8. 你從何處購買今期《兒童的科學》？
29☐訂閱 30☐書店 31☐報攤 32☐便利店 33☐網上書店
34☐其他：________

Q9. 你有瀏覽過我們網上書店的網頁www.rightman.net嗎？
35☐有 36☐沒有

Q10. 你預計在書展購買甚麼書籍產品？（可選多於一項）
37☐訂閱《兒童的科學》 38☐訂閱《兒童的學習》
39☐《兒童的科學》系列 40☐《兒童的學習》系列
41☐《大偵探福爾摩斯》系列 42☐《大偵探福爾摩斯》精品
43☐《誰改變了世界》系列 44☐《小說名偵探柯南》系列
45☐《少女神探 愛麗絲與企鵝》小說系列 46☐《蘇菲的奇幻之航》小說系列
47☐《科學大冒險》漫畫系列 48☐《森巴 STEM》漫畫系列
49☐《森巴 FAMILY》英文版漫畫系列 50☐其他兒童及青少年圖書
51☐補充練習 52☐電子書 53☐文具及精品
54☐其他（請註明）：________ 55☐不會參觀書展